JN257734

科学の先

現代生気論

はじめに

日本人にとって「生気論」という言葉はなじみが薄い。しかし、いきいきと生きたい人は多い。この「生き生き」と生きる力がどこからくるのか、という疑問をもったことはないであろうか。日本語には元気、本気、気持ち、など気のついた言葉は多い。それだけ当たり前に感じているのだ。この生き生きとか元気という状態は植物や動物などの生き物にしか使わない。この力が物体としての自分以外のところから来ていると考えるのが生気論である[1]。

もともとは西欧で発展してきた概念であるが、自然科学と常に対峙してきて、現在は科学的でないと否定的に考える人が多い。しかし、東洋人は中国にしろインドにしろ自分を越えた気の存在を不思議に思わないところがある。私は数年前から統合医療を考え、医療の場に科学、人文を癒合させた統合知を導入することの必要性を感じてきた。科学がこれだけグローバル化してきて、問題が山積みしてきた現在にあって、過去、未来を見通して「生気論」に出あった。この意味を統合知に基づいて見直す必要がある。スピリチュアリティ（悟性）とは何かを考えているうちに哲学、宗教にも足を踏み入れ、スピリチュアリティを支える理念を深めた。[2] そして自分で体験し、よい、と思った方法を考えているうちに健康長寿に生きるには個人個人が「食・こころ・体」を軸に「悟性の生活」をめざすことだ、と考えるにいたった。

私は50年以上医学の道を歩んできたが、その間、病理学、疫学、栄養学、抗加齢医学、統合医療学といくつもの道を歩み、国立健康・栄養研究所を退任してからは『医と食』編集長として医・食・農連携を考えてきた。国立健康・栄養研究所にいるときに食育基本法の推進委員を第1期5年間し、食育とは明治に石塚左玄が言った言葉であると知り、左玄の食養道への眼を開かせてくれた。石塚左玄、桜沢如一、沼田勇、甲田光雄らの後に続く人達は栄養素主体の栄養学とは異なる生きる意味を求めた食養生を実践してきた。いまも食養会の伝統を汲み、大勢の人たちが正食により元気に生きている。[3]

最近、たまたま手にとって読んだドルーシュの生気論は、私の考えてきた「いのち」と重なる点がきわめて多いと感じ、私の扱ってきた事柄は哲学の領域に踏み込んでいて、私の説は生気論の立場と同じと思い始めたのである。本書は神の領域とされてきた生気論を科学の目で洗い直し、すべて科学的に解釈できるようになったのか、なお人智を超える「気」を想定せねばならないのか、ということへの私なりの解答である。

渡邊 昌

目次

Ⅱ

こころと悟性

III

日本人の心性

Ⅳ 死生観

V 自然の治癒力

VI 統合科学による現代生気論

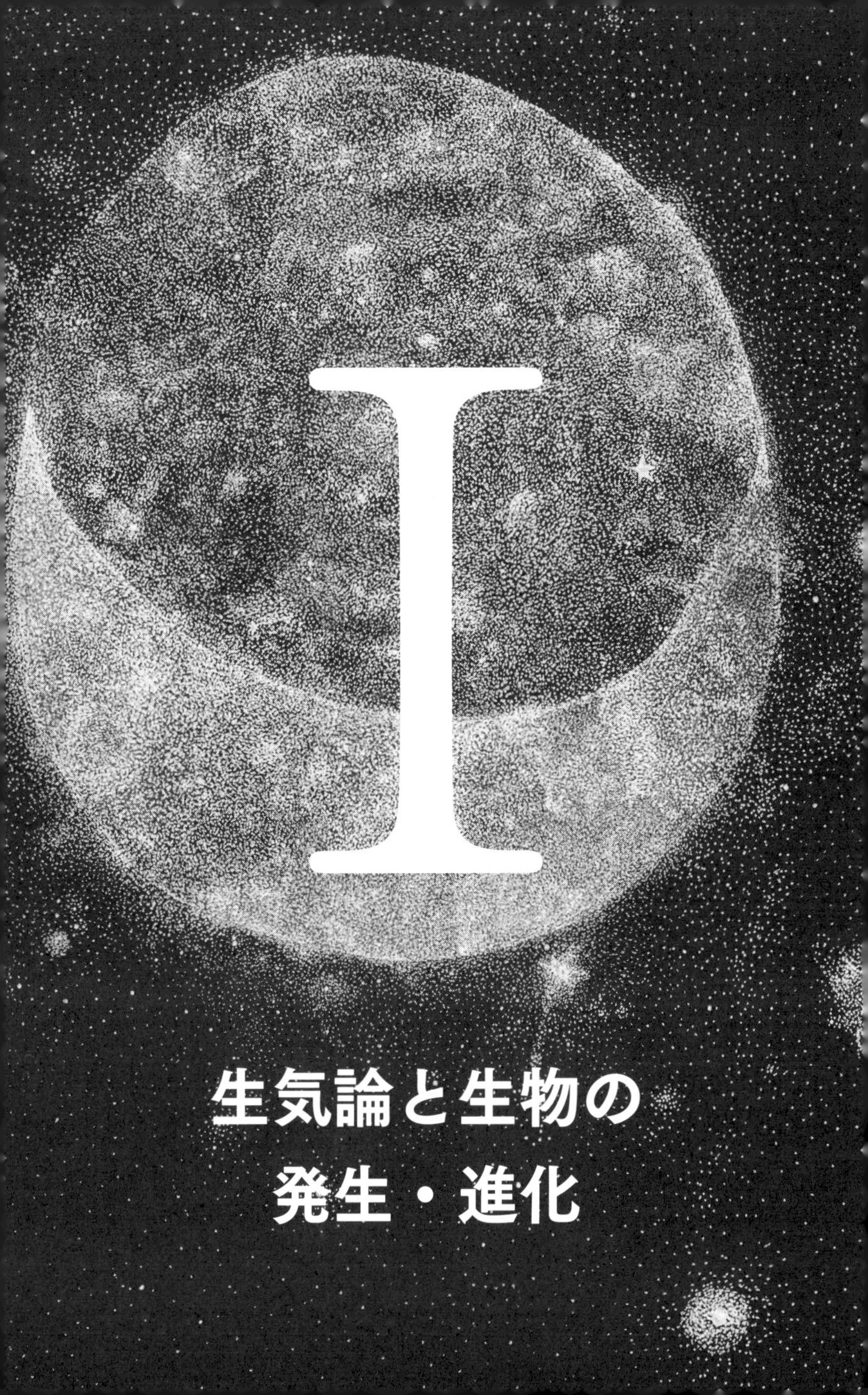

I

生気論と生物の発生・進化

1 生気論とは

生気論とは非生物と比較して、動植物などの生命だけに特有な力が働いていることを認めるという立場である。現代生物学は基本的に生命は物質から成るという唯物論的・機械論的な立場を採用しており、生気論は受け入れられていない。現代の科学者はしばしば生気論は神学と結び付いた「過去の誤った理論」と見なしている。しかし、科学の先端で研究し、何がわかっていないか、ということがわかってくると「生気論」的立場をとる人が増えてきた。

西洋の知はギリシャに始まるとされるが、プラトンの弟子のアリストテレスは、眼の前に実在するさまざまなものが、如何なる素材、要素からできているのかということを考え、それを実現させる要素を「エンテレケイア」もしくは「エネルゲイア」と呼んだ。彼は、鉱物、植物、産卵性動物、哺乳類、ヒトという無生物から生物に至

プラトン
BC427〜BC347 ギリシャの哲学者ソクラテスの後継者。非物体的、天上的なイデアという概念を提唱、アカデメイアという学校を設立。

アリストテレス
BC384~BC322
マケドニア生まれでプラトンの後継者。生物学研究により目的論的自然観をもった。霊魂が育て、活かすとして生気論 Vitalism を唱えた。晩年に経験主義的道徳論を倫理学に纏めた。

る配列と階層を考えた。[4]

アリストテレス以来、発生の問題は「生気論」Vitalism の大きな課題だった。アリストテレスは紀元前1世紀ごろに「胚の中にはヒトのミニチュアがあり、それが大きくなる」という説と「新しい構造が次第に生じる」という説を紹介している。17世紀までは後者の「後成説」が優勢であったが、その後、プロテスタントの原理主義的宗教改革により、世界の生きとし生けるものは全て神の創造による、という教えが広まり、生物学の進歩は停滞した。

ダーウィンの進化論

胚は細胞から成り立ち、これが細胞増殖により生体をつくることが観察されるようになった19世紀末まで、神学的「生気論」が支配していた。一方で、デカルト以後の自然科学の発達により、進化や発生は、全て物質的な基盤をもち、設計図に従って作られるという機械論がでてきた。顕微鏡の発明によって細胞分裂が確認され、パストゥールの実験により生命の自然発生説が否定されたことも意識の改革をもたらした。

チャールズ・ダーウィン[5]によって提唱された自然選択による進化の概念は神学的生気論に衝撃を与えた。自然選択説は人を含め現存する多様な生物が何らかの目的をもって創造された訳ではなく、また生物が持つ合目的的な器官や行動の形質についても、物理的・自然科学的に説明することができるようになったからである。このように、科学的な説明が可能になった場合には、それが未知の、あるいは神の力によるとする生気論を置き変えていったのである。

ドリューシュの新生気論

ハンス・ドリーシュ[1]は、機械論的立場からウニの初期発生の実験

ルイ・パストゥール
1822~1895　フランスのドールで皮なめし職人の息子に生まれ、化学を専攻、酒石酸の異性体を発見。『自然発生説の検討』により「生命の自然発生説」を否定した。液体培養法を開発し嫌気性菌の培養を可能にした。

ハンス・アドルフ・ドリューシュ
1867~1941　当初はドイツでダーウィンの進化論を広めたE・ヘッケルに師事するが、後に批判的になり生物学から哲学に転向。ライプツィヒ大学の哲学教授となる。機械論で説明しえない生命力を認めて新生気論を唱えた。

的分析に熱中していたが、ウニ卵が1個の全体として著しい調節能力を持っていることを見て、これの説明に動的目的論を想定せねば説明できないと主張した。[1]ウニの胚を二分割するとそれぞれが完全なウニの個体に成長したのである。機械論の立場にたてばどこかが欠けた半分のウニができねばならない。実験の結果を踏まえて、自著『有機体の哲学』（1909）において全体の、形態を維持する「調和等能系」の概念を提示し、これの作用因は「エンテレヒー」である、とした。

　この生命現象がもつ全体性などを根拠にした論は、新生気論（ネオヴァイタリズム）と呼ばれている。しかし、全体の形態をつくる仕組みも今では化学的分子による「調節」や「誘導」という生物学的現象として説明され、細胞間の相互作用としてたんぱく質やホルモンの作用や、濃度勾配による作用が発見されて、生気論を必要とする場は縮まってきた。

　ドリーシュのエンテレヒーという概念以外にも、考えや話すことなど心理への影響が生気論的に存在するとするサイコヴァイタリズム（心的生気論）という表現もある。[6]

「気」を科学する

生気論を論じる前に「気」の存在について科学的に追求された結果を紹介したい。

ユリ・ゲラーのスプーン曲げが超能力として話題になったのは30年以上昔であったが、その時に関心をもったのが、電気通信大学でメタン強度学を専門にしていた佐々木茂美教授であった。機械的に折った金属の断面はギザギザの切断面になるし、熱で焼き切った場合は溶けたようになる。ユリ・ゲラーの曲げ切ったスプーンの断面を調べると、その二種類の断面が微細なモザイク状に混在した。これは既知の常識ではあり得ないことである。それ以来、彼は機械制御工学の知識を生かして「気」の科学的解明を重ねてきた。そして磁力のN極、S極がせめぎあうゼロ磁場こそがキーと考えた。いわゆるパワースポットの磁場を測るとゼロ磁場が多い。ゼロ磁場は物質のゼロ化、人間意識のゼロ化という研究につながり、現在科学では説明のつかない不思議現象や奇跡的出来事の説明を可能にした。[7]

超能力の存在はまゆつばに考えられることが多いが、日本の古武道では遠当ての術があり、中国では気功治療がある。気の存在を認める中国や米国、ロシアでは軍事目的として、国を挙げて超能力の研究に取り組んでいる。日本ではソニーの超能力研究室があったが、多くは阻外されながら個別に小規模な研究がなされている程度だ。

意識のゼロ化とは、意識と意識下の境目の状態で「変性意識状態」といわれる。後述する意識・意識下が融合した状態と思われ、気功師のように呼吸を整え心身をリラックスさせることでその状態に入ることができる。ここで強く祈念することで5次元の宇宙エネルギーを呼び寄せ「意念」で物を動かしたり人を治療したり、3次元空間で力を発揮させることが可能になるらしい。

その状態は脳波で測定できる。正常活動時の脳波は14ヘルツ以上のベータ波で、安静時のアルファ波は8から13ヘルツ、シータ波の4から7ヘルツになると機能低下状態となる。変性意識状態になったときの脳波は無意識レベルの8ヘルツを切るシータ波になるが、ここで気功治療とか念写、透視をしようとすると、ミッドアルファ波の10ヘルツを少し上回ったレベルに揃う。実は自然界も固有の振動数を持ち、空気層の周波数は晴れた日で7から14ヘルツなので、脳のミッドアルファ波と共鳴する可能性がある。気功師や超能力者を調べると、そのような共鳴状態が3秒以上つづくと宇宙エネルギーとコンタクトでき、5次元の法則が働いて意念を物体の働きに変えることができる、といわれる。宇宙エネルギーは量子力学が想定するゼロ点エネルギーである可能性がある。

後述する三昧の時には、このような状態で普段の能力以上の仕事ができる説明がつく。これらの科学的研究は将来が楽しみであるが、ここでは生気論を筋道立てて理解するために、まず、生命誕生からヒトに至るまでの歴史から入りたい。

2 進化の系列

神が人を造ったのでなければ、ヒトの形ができてくるまで生物はどのように進化してきたのか、ということを検討せねばならない。全て物質的な相互作用で機械論的に説明がつく形で生物が生み出されてきたのか、ということである。地球の環境の変化が生命を産み出したと考えられているが、実証された仮説はない。地球の45億年の歴史のなかでは何千メートルもの厚さの氷が張り詰めた全球凍結になったことが数回あり、生物が生まれてからでも自然環境の激変で絶滅に瀕したことが数回ある。また、大陸も一つのパンゲア大陸になったりプレートに割れて今なお動いている。

生命の発生

地球上の最初の生命は23億年ほど前に生じた古細菌とされている。[89]今も深海の熱水孔付近に棲息している。このような単細胞から多細胞生物が生まれ、海中生活から地上に出て生活するようになったのは6億年ほど前のカンブリア紀以後のことである。

化石をもとに古生物学の基礎を築いたのはフランスの博物学者のキュヴィエである。化石の種類から地層の年代を決められるということが見付けられ、現在の哺乳類と似た化石が産出される「新生代」、恐竜などの爬虫類化石の多い「中生代」、三葉虫や魚類化石が特徴的な「古生代」を区別したのである。やがてイギリス人のスミスらは、地層の研究によって地球は長い歴史を持ち、それとともに生物は進化してきたという説を立てた。

生物の進化は古細菌に始まり、植物界、動物界に分かれてきたが、

ジョルジュ・キュヴィエ
1769〜1832　フランス国立自然史博物館で働き『現存および化石のゾウ種についての覚書』『動物の自然史基礎編』『比較解剖学教程』などを発刊。化石からの復元など哺乳類に関係する古生物学を確立した。

ウィリアム・スミス
1769〜1839　英国の鍛冶屋の長男として生まれ、地層炭鉱の鉱脈調査、運河の建設や農地の改良を手がけながら、様々な地層やそこの化石を観察して、地層累重の法則と示準化石による年代決定法を編み出した。「英国地質学の父」と称えられる。

カンブリア紀に地上に進出するまでは長い水中生活があった。
深海底の熱水菌や最近の遺伝子配列の分析からカンブリア紀までに古細菌、真正細菌、真核細胞のグループが生まれた。嫌気性菌が別の細胞に入り込みミトコンドリアとなって細胞のエネルギー産生を担うようになった。後述するが、腸内細菌などもいつからか共生するようになった菌である。

この中で単細胞から多細胞生物へ、外胚葉、内胚葉、中胚葉の三胚葉を持つ、また更に体腔をもつ、という進化が進んだ。単細胞から多細胞生物が進化し、三胚葉生物から動物に進化していく歴史は機械論では説明がつかず神の手による奇跡としか思えない[9]。

カンブリア紀の6億年前から爆発的に生物の種が増えた。それには奇跡のような生物の為の諸条件が成り立ったからである。地上に圧縮するとわずか3㎜の厚さしかないオゾン層が有害な紫外線を防いでくれ、地上から15㎞しかない対流圏の酸素濃度が4億年前から現在にいたるまで21%に維持されて呼吸を可能にしてくれている。生き物をやしなう土壌は3、4億年かけて生成され続け、平均18㎝の厚さに維持されている。水も地球には豊富であるが、人間が利用できる水は土壌に灌水するとわずか11㎝の厚さにすぎない。[7]

そのなかでもっとも重要なことは生物が多種に増えたためそのなかで食の連鎖が成立したことである。

多くの脱皮する昆虫類やみみずのような環形動物、線虫のような線形動物などはこの時期に分岐し、さらに軟体動物と脊索動物がわかれた。[8・9・10]

これらの変化はカンブリア紀以後に多様性を増す。2億4800万年までの古生代には陸上植物が現れ、石炭紀には巨大なシダ植物が繁茂して石炭のもととなった。

それ以後、三胚葉動物は脊索動物へ、また、魚類や両生類が現れた。そして脊椎動物へと進化する。脊椎動物のラインからは鳥類、ヘビ、トカゲ、ワニ、カメ、などが分かれ、本幹は羊膜類となり、哺乳動物が生まれた。哺乳類は卵性のカモノハシのような単孔類、オポッサムやカンガルーのような有袋類、胎盤をもつ真獣類に進化した。

パンゲアの分離

中生代に入って特記すべきことは2億年ほど前からそれまでひとつの大陸であったパンゲアの分離が始まったことで、これが生物の多様性に大きな影響を与えるようになった。中生代の三畳紀、ジュラ紀はアンモナイトや恐竜の世界であったが、白亜紀末には恐竜が絶滅し、哺乳類が隙間を埋めるように繁殖した。中生代・古代代には5回の大量絶滅が知られており、それが進化を促したような結果になっている。今のヨーロッパに相当するユーラシア大陸では、非常に栄えたのはネズミなどげっ歯類であり、うさぎと共に真アルコ

「地球上に生息する生物の推測種数」（Gaston and Spicer,1998による）

ウイルス（宿主内で生命体）	40万種	動物（線虫類）	40万種
細菌（単細胞生物、核膜のない原核生物）	100万種	（甲殻類）	15万種
菌類（カビ、キノコ、酵母類）	150万種	（クモ類）	74万種
原生動物（単細胞性真核生物）	20万種	（昆虫類）	800万種
藻類（ラン藻、紅藻など）	40万種	（軟体動物）	20万種
植物（葉緑体をもつ緑色植物）	32万種	（脊索・脊椎動物）	5万種
		その他	25万種

ント・ギルリス類とユーラシア獣類を構成している。また、大陸が分離移動した南米では南米獣類が、アフリカではアフリカ獣類に分岐した。6500万年前に新生代にはいると現在私たちがみるような大陸の形に近づき、動物や植物も形が似てきた。

現在、世界に確認されている生物は139万種、未知のものを含めると500万種から1000万種いるのではないかと推測されている。私たち人類はこのような多様な生物種と共存、共生するように生きてきた。最初の生物がどのようにアミノ酸のような有機化合物から生まれでたのか、ということについてはいろいろな仮説はあっても実験に成功したものはひとつもない。[8]

偶然にアミノ酸、核酸、脂肪、炭水化物が一つの膜に包みこまれ、「いのち」を発生させるチャンスはどれくらいあるのだろう。

ヒトへの進化

生命発生からヒトへの道

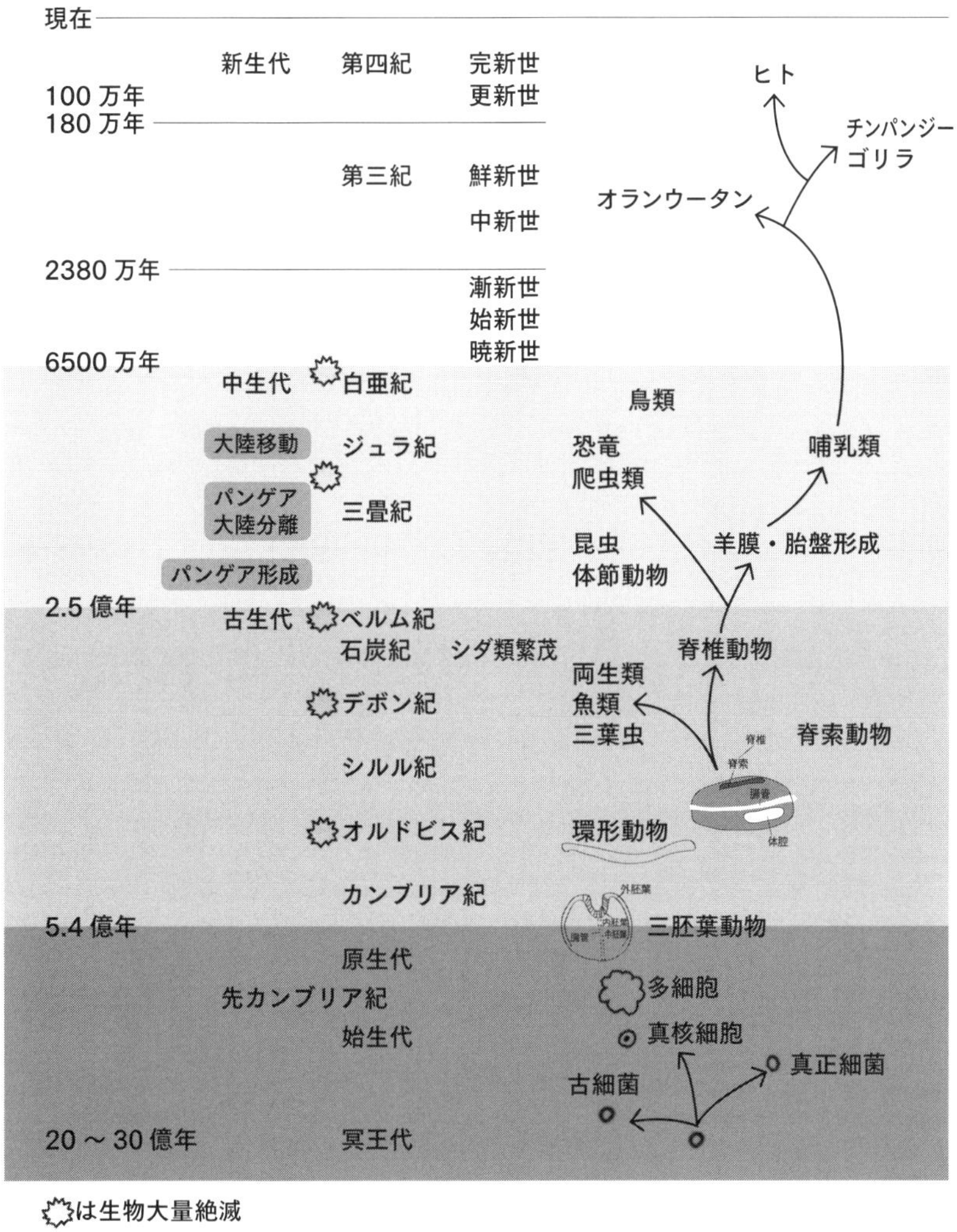

ヒトへの進化のラインとしては、アフリカに生まれた類人猿のオランウータンは1000万年より前に分かれ、ゴリラ、チンパンジー、ヒトは500万年から700万年前に分岐したと思われている。ヒト属はホモ・ハビトウス、ホモ・エレクトス、ネアンデタール人など幾つかの種が現れては滅んだ。今の現生人類はミトコンドリアの遺伝子の研究から16万年ほど前にアフリカの一女性から派生していると言われている。進化のスケールからいうと現生人類はもっとも新参者といえる。[11]

3　いのちの発生

1個の受精卵の分裂から数百万個の細胞が生じ、眼、脳、腸や内臓、心臓、筋肉や骨などを作っていくのである。成人になると細胞数は60兆個になるといわれる。これら細胞の分化や臓器の形成がどのような切っ掛けで起きるかということなど、まだまだわからない

テオドシウス・ドブジャンスキー
1900~1975 ウクライナ生まれ。進化生物学を遺伝学と統合させ『遺伝学と種の起原』を出版。進化を「遺伝子プール中での対立遺伝子頻度の変化」と定義した。彼はダーウィンを信奉し神は進化を通じて創造を成したと主張した。

ルイス・ウォルパート
1929~ 南アフリカ生まれ。ロンドン大学で発生生物学教授に。形態形成はHox遺伝子や成長因子によって説明がつく、と位置情報の重要性を指摘した。人生で誕生や結婚、死と同じように胎生期の原腸形成が重要、と発生を重視した。

ことは多い。進化生物学者のテオドシウス・ドブジャンスキーは進化の観点を考察できない生物学は意味をなさない、といっているが、私たちは進化の過程を科学的に説明できるようになったのであろうか。

　発生生物学者のルイス・ウォルパートは多細胞生物の形態の進化は、胚発生の変化の結果であり、その変化は細胞の振る舞いを制御する遺伝子の変化によるもので、それ以外にはない、と断言している[12]。まだ、科学の進歩が楽観的に受け入れられていた時代であった。完全に唯物論的、機械論的立場である。時空間的な発現調節の変化と新しい機能を生むたんぱく質の突然変異が、両方相俟《あいま》って進化において基本的な役割を果たしてきたというのだが、環境によりよく適し、より子孫を残すことができたものが選択されてきたという説はダーウィニズムの延長とみなしうる。しかし、人の生活と同じように人の生涯では原腸の形成がなりより重要といっているが、そのきっかけについては触れていない。

今西錦司

1902〜1992　京都生まれ。ニホンザル、チンパンジーなどの研究を進め、日本の霊長類社会学の礎を築いた。生活する際に競争と協調の動的平衡が生じ、「棲み分け」によって、適切な環境に移動する時に集団的に変化する進化が生じるとした。

村上和雄

1936〜　奈良県天理市生まれ。高血圧を引き起こす酵素「ヒト・レニン」の遺伝子解読に成功。イネの全遺伝子解読にも成功した。生命の存在はダーウィンの進化論では十分に説明できないと考え、サムシング・グレートと呼ぶ存在を想定した。これは天理教の「親神様」のことを指す。

進化の頂点に人間を考えるのはあまりに人間至上主義的な考えで、進化しないで何億年も生き延びているミミズやゴキブリが人間より劣っていると言えるのであろうか。さまざまな生物が独自の感覚器で世界を認識していればまったく違う世界が無数に存在していることになる。ヒトとは違う人間の価値観を安易に全生物に広げていないだろうか。長年存続し続けるのが生物として優れているとするとわずか18万年程度の歴史しかもたない現生人類はまだ安定した生物種としての存在は許されていないのかも知れない。

ダーウィンの個体進化論に対し、今西錦司は集団的に遺伝変化すると主張している。[13] 先端で研究する研究者ほど、まだ説明をつけられないことを知っていて謙虚になる。イネのゲノムを解明した村上和雄は自然の妙を人智を超えたSomething Greatによるといい、「知的設計論者の意見」に近いといっているが、これは現代の「生気論」の立場といえる。[14]

原腸からヒトへの道

生物は成長と生殖によって次世代へ「いのち」を継続することが共通している。生物の本質は食べること、子孫を増やすことであり、受精・妊娠・分娩によって後世代を残すことにある。生体を成長、維持させるために食べること、子孫を残すために生殖することは全動物に共通した現象である。

全ての動物の胚は発生初期の原腸形成期に劇的に変化する。シート状の細胞層が広範囲に再構成され、特定の位置に方向つけされた移動により、立体的な形になるのが原腸期である。胚におけるさまざまな動きは遺伝子の活性化や化学物質の濃度勾配で説明できるようになったが、どのように原腸の形成が始まったかということについてはまだ想像の域だ。多細胞生物の共通の祖先が中空の球で、最

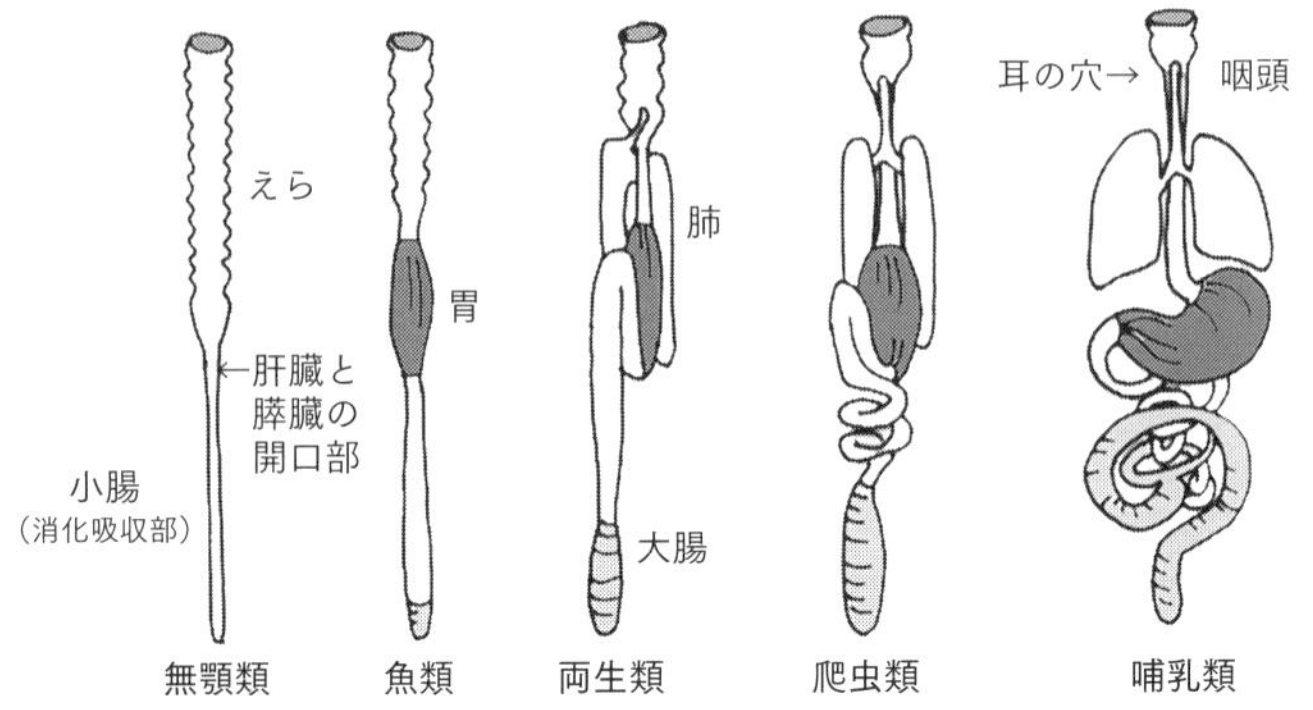

初は貪食の際に体壁が小さく陥入するところから始まり、腸の原型をつくっていくことで餌の摂食を効率化できたのであろう。一度陥入ができればその管に面する細胞が内胚葉になり、球体の内部を横切ってトンネルのように延びて、反対側に貫通し、連続的な腸を形成して口と肛門ができたと考えられる。最初にできた原口がそのまま口になる旧口類と、腸管の動きが逆転して原口が肛門になる新口類ができたのは何故かわからない。

腸内細菌

進化の重要性を直感的にわからせてくれたのは腸管の研究からである。発生の最初に現れた臓器が消化管である。そして嫌気性菌が腸管内に棲みつくようになった。私は腸内細菌のある種のものがチンパンジーやサルなど他の猿類と共通し、また別種のものはカモノハシ、ライオンなどと共通し、中には魚類と共通するものもあると知り、何億年も昔のカンブリア紀以前から菌と宿主は共生している可能性が高いと考えるにいたった。動物のみならず、植物にも共生菌はいる。

腸には１００種以上、１００兆個の腸内細菌があり、腸内細菌は母親から子どもに伝わる。[15] 母親の食生活が腸内細菌を決め、それがこどもに伝わり、健康を左右する。大腸の腸内細菌には遺伝子として約30万ゲノムあり、そのうち、20万ゲノムが世界共通、10万ゲノムが日本人特有といわれる。プレビウスのように海藻成分を分解できる菌は日本人特有で長い食生活習慣を反映している。腸の長さも日本人は９ｍ以上あり、肉食が主体の人種より１・５ｍも長い。数億年の生物進化に伴って共生状態で進化している腸内細菌を考えることは「共生」を考える上で欠かせない。

アブラムシの細胞内にはBuchnera《ブフネラ》属の共生細菌がいるが、この共生は二億年に及ぶとされる。アブラムシ類は４千以上の種に多様化しているので、共生するBuchneraもそれに伴って進化し、多様化している可能性が示されているが研究は緒についた段階である。

共生菌

地球が生れて55億年。深海底の熱水噴出孔周辺に古細菌が発見されていて、地球上でもっとも古い生命体が嫌気性菌ともいわれている。嫌気性の環境を求め、どこから腸管への共生が起きたのか、という話には夢がある。生物の進化を引っ張ってきたのは共生細菌かも知れない。ゴキブリもシロアリも腸内細菌をもっていて、魚にもいる。以前、人工衛星にメダカを積み込んで実験することになった時、担当した大学教授にメダカに腸内細菌がいるか、と聞いたところ、さあ、という答えだった。専門家でも腸内細菌までやっている人は少ない。

胃がんや胃潰瘍の原因とされるピロリ菌は牛などの家畜では常在菌であるが、ヒトの胃では胃酸から自分を護るためにアンモニア膜をもって酸を中和しながら生きている。ピロリ菌を駆逐すると逆流性食道炎が増えたという報告もあり、過酸症を抑えていて実は有益な共生菌かも知れない。自然のバランスを壊すとどこかに無理が生じる例といえる。腸管内のバクテリオファージなどのウイルスの共生状態や意味はまだわかっていないことが多いが、大腸菌の薬剤耐性のような形質転換には重要な役割を担っているものがある。

従来の生気論には「共生」という観念がない。生物は無機物と違い、成長と生殖により世代交代しながら進化している。生体の秩序をたもつためにエントロピーを下げる方法として捕食によるエネルギー源の摂り込みという手段を得た。しかし、このような消化・吸収には腸内細菌が密接に絡んでいる。

生物の補食や感染、共生などと生物間の関係を生気論的立場から考え直す必要があろう。

消化管の神経

ナメクジウオや線虫のようにほとんど腸管しかないように見える生物でも腸管にそって神経細胞が出現し、頸部と腹部に神経節のように神経細胞の集族ができて神経ネットワークが発達した。腸管は前腸、中腸、後腸とわけられるが、前腸はよりよく餌を捕食できるように臭覚や視覚を発達させ、中腸は胃、腸、肝臓、すい臓など栄養を溜め込む仕掛けを発達させ、後腸は排泄と生殖を担うようになった。胃腸管の血液はすべて門脈によって肝臓に運ばれる。門脈系の形成は実に合目的的で感嘆する。三木成夫[16]は静脈系発達が脾臓や腹腔内臓器の進化に関係していることを発見した。ヒトの胃の上皮や小腸上皮は栄養素の吸収に働く細胞のみならず、多くのペプチドホルモンを産生し、周辺の細胞や神経や血管を介して全身に働きかけるようになった。内分泌系ホルモンによりホメオスターシスが

三木成夫
1925〜1987　四国丸亀出身。東大医学部助手を経て、東京医科歯科大学助教授、東京芸術大学教授となった。ゲーテに影響を受け人間と自然との生きた感覚を取り戻そうとし、発生学・古生物学・比較生物学・進化を植物器官（消化・生殖）と動物器官（感覚・運動）という観点から考察した。

クロード・ベルナール
1813〜1878 仏のローヌで生まれ、リヨン大学で薬学を学ぶが、21歳で劇作家を志しパリへ出るも、才能を認められずパリ大学の医学部で医学を学んだ。生理学者のマジャンディーと組んで実験生理学を樹立。内部環境の恒常性と言う考え方を提唱。『実験医学序説』は現在も歴史的名著。

瀬木三雄
1908〜1982 名古屋市生まれ。東京大学医学部卒業。旧厚生省の初代母子衛生課長として母子健康手帳を創設し、東北大学医学部公衆衛生学教室を主宰。「瀬木の帽子」といわれる腸管リンパ濾胞を発見した。癌統計学の第一人者として知られ、日本でがん登録を始めた。

保たれるということを発見したのはフランスのベルナールである。[17] 鳥類以後の進化で腸管には免疫能がそなわってきた。腸管リンパ濾胞を発見した「瀬木のキャップ」は先進的研究であった。

消化管ホルモン

消化管にはコレシストキニンのような腸管ペプチドホルモンが20世紀初頭に発見されていたが、現在では30種以上のペプチドホルモンが発見されている。[18] 下等な魚類などは数種類のペプチドホルモンしかもっていないのでこれも進化の過程で複雑化してきたに違いない。ホルモンが増えるということはホルモンレセプターも増える必要があり、共進化を遂げているということになる。

1種類の生物のみが適者生存で進化するという説はこの点でもナイーブな考えであろう。その時代の生命圏全体のバランスや変化を考えねばならない。

下垂体前葉のつくるホルモンは視床下部の影響をうけ、成長ホルモン、副腎皮質刺激ホルモンなどによって、副腎はステロイドホルモンを産生するが、腸管や消化に働くものはペプチドホルモンが多い。これらホルモンはいくつかのファミリーにまとめられるが、重要なのはグルカゴンファミリーとプロラクチンファミリーであると思うに至った。グルカゴンファミリーにはインスリンなども属し、生体のエネルギー代謝をつかさどっているので生存に必須である。また、プロラクチンファミリーは授乳や分娩など種の存続に係わる性ホルモンとなっている。下垂体後葉でつくられるオキシトシンやバソプレシンは快感や攻撃性に関係するがこれもペプチドホルモンである[19]。

受精卵

ヒトの受精は卵管内で起きるが、受精卵は回転しながら子宮内膜に至り、着床して胎盤が形成され、発育が始まる。生物の基本的なパターン形成は1㎜未満の大きさの胚においてなされ、その後成長が起きる。神経ネットワークの成長は小児期を通じて出生後にも続く。ヒトでは脳の発育が優先し、頭部は9週齢の胚では体長の3分の1を占めるが、出生時には4分の1、成人では7〜8分の1程度になる。人の大きさはさまざまだが脳の大きさのばらつきは小さい。何故このようなバランスになるかはわからない。

ヒトなどの哺乳類にとって出生後の成長に成長ホルモンは必要不可欠であり、骨盤位分娩時に無理に胎児を引っ張り出すと下垂体茎を傷つけて成長ホルモンの分泌ができなくなり、小人症になる。新生児は出生後1年の間に1カ月につきほぼ2㎝の速度で身長は伸びる。その後一定の割合で減少し、性成熟期になると体の伸びは止まり、性器の成熟が起きる。

手足の成長

　この身長の増加は主として四肢の長骨の成長による。最初に骨端近くに軟骨要素ができ、軟骨細胞が並んで、二つの成長板ができる。躯幹側からみると関節に遠い方に幹細胞を含む狭い領域があり、その外側に細胞分裂がみられる増殖帯、さらに軟骨細胞が大きくなる成熟帯、最後に軟骨細胞が死んで骨と置き換えられる領域となる。成長ホルモンが成長板に働きかけることで異なる骨は異なるスピードで成長する。成長板が石灰化すると骨の成長は止まるが、これは軟骨細胞の限りある分裂回数などの成長板の内的要因によると思われている。

　しかし、思春期まで15年近い成長期間がありながら両腕、両足の長さの差が左右で同じ長さになる、ということは驚くべき精度であり、どのような仕組みが働いているのか解っていない。また、脊椎

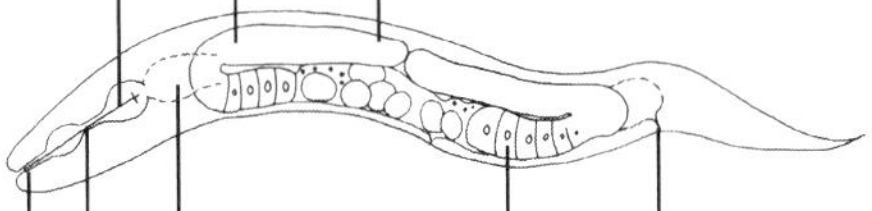

動物の五臓六腑の大きさは体内の発生プログラムと成長を促進あるいは抑制する細胞内外の生化学物質によって決まると思われるが、このメカニズムはほとんど解明されていない。形態形成に未知のエネルギーの関与を否定しきることはできない。

4 線虫

個体発生で胚細胞の運命がどのように決められているか、ということは細胞の少ない無脊椎動物の胚の方が調べやすい。分類学上線形動物門に属する線虫の種類は昆虫類に次いで多く、50万種と推定されている[20]。土壌中や水中など地球上の至る所に生息しているが、小さなものが多く、ほとんど目につかない。ネグサレセンチュウは農作物に被害をもたらす嫌われものだが、エレガンス線虫は寄生せず、大腸菌を餌にする。25℃で培養すると2日半で受精卵から成虫へと成長するので実験に使いやすい。全身、腸と卵という状態で生

シドニー・ブレナー

1927〜　南ア生まれ。イギリス人の生物学者、線虫を用いたアポトーシス研究により2002年にノーベル生理学・医学賞を受賞。生物を用いてゲノムプロジェクトを立ち上げ、多細胞生物におけるゲノミクスの先駆けとなった。沖縄科学技術大学院大学理事長もつとめる。

物の基本としてもわかりやすい。

私は国立がんセンター時代、線虫をつかって紫外線のDNA損傷を調べる共同研究をしたことがあるが、定量的に扱いやすかった。エレガンス線虫をモデル生物として確立し、器官発生とアポトーシスの遺伝制御に関する発見をしたブレナーらは2002年にノーベル生理学・医学賞を受賞した。1998年には多細胞生物として初めて9700万個の塩基配列読み取りが完了し、約19000個の遺伝子が6本の染色体上にのっていることが明らかにされた。このように発生の全貌が解明されたことは唯物論的、機械論の勝利に見える。それでも何が線虫の形を決めているのか、何故何億年も同じ形なのか、という根源的なことはわからない。

1000個の細胞と遺伝子

個体発生の研究に、よく実験につかわれるショウジョウバエは原腸形成が始まる時期にはすでに数千個の細胞があるが、線虫ではわずか28個であり、しかも体が透明なので外から観察できる。線虫の幼生は558個の細胞ででき、4回脱皮すると959個に増える。それまでに131個の細胞がアポトーシスによって除かれる。このように細胞数が一定なので個々の細胞を標識すれば成長に伴ってどこに移動していくか挙動がわかるという利点がある。

発生に影響を及ぼす遺伝子は千七百個ほど知られている。情報伝達遺伝子とHox遺伝子など多くの遺伝子は、ショウジョウハエや、他の動物でも発生を制御する遺伝子と共通している。Hox遺伝子はショウジョウバエのパターン形成に関係する遺伝子で転写因子をコードするものであり、進化の過程を通じて役立つものは種を越えて使われていることを示している。また、二本鎖RNAを導入すると相同性のある遺伝子の発現が抑制されるという、遺伝子抑制手法が線虫において初めて発明され、遺伝子工学に道を開いた生物でもある。実際、サーチュイン遺伝子導入により寿命が数倍に延びた。

線虫における細胞分化は細胞分裂のパターンと密接に関連する。一連の卵割により細胞は前側と後側の娘細胞にわかれる。前側細胞は大きく、構造を支える角皮下層、神経細胞、一部筋肉細胞に、後側細胞は小さく筋肉、腺、体腔細胞、腸、生殖細胞になる。神経細胞はわずか302個で、環状の塊を頭部と腹部に作る。餌をとるための神経環と、生殖の為の神経集合のようである。頭部の神経環と呼ばれる部位は脳に相当し、これだけの細胞で物理刺激に対する回避運動や、塩化ナトリウムなどの化学物質や温度と餌を関連付けた学習やベンズアルデヒドなどの誘引性揮発性物質に対する順応などの行動を示す。

このような下等な生物でも口を見ていると捕食と生殖という生物の基本に腸脳の働きがあることを示唆している。

5 ミミズ

チャールズ・ロバート・ダーウィン
1809〜1882　子供のころから博物学的趣味を好み、8歳の時には植物・貝殻・鉱物の収集を行っていた。地質学、博物学を学び1831年にケンブリッジ大学を卒業すると、イギリス海軍の測量船ビーグル号で世界一周し、『種の起源』を出版した。

神の御技を否定することになるのではないかと悩んだ末に『進化論』を出版したダーウィンの知られざる研究にミミズの研究がある。私たちは「医・食・農・環境」連携を21世紀のヒトの生存の要としているが、地球環境を考える上でミミズを無視することはできない[21]。

ミミズは、鳥、ネズミ、カエルなど数多くの動物の食料となる。また家庭での堆肥作りに用いられるし、漁業や釣りでエサとして使われることも多い。生息域全体において個体数は非常に多く、ごくありふれた生物だが、堆肥つくりなど人間の生活に寄与することは多い。ミミズが世界のどの大陸にもいることは数億年前のゴンダワナ大陸の全域に棲んで土壌作りに励んでいたことを意味している。

世界の土壌つくりに大きな貢献をしていて、有機農業には欠かせない。体は円筒状で細長く、前方に口、後方に肛門がある。体長は10㎝センチくらいのものを多く見かけるが、世界には1㎜に満たないものや2m以上の巨大なものも存在する。畑、牧草地、沼や湖、

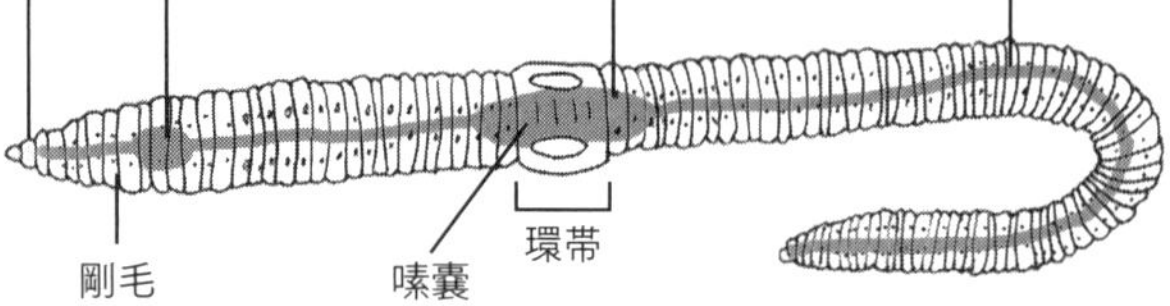

ダーウィンが生涯愛したミミズ

地下水に棲む。少数の種類は海岸にも棲み、地球上に広く分布している。

環形動物のミミズは水中にいるゴカイと同じ仲間であり、胚の嚢胚期に中胚葉、内胚葉が内部に落ち込む原口がそのまま消化管の口になる旧口動物に分類される。ミミズの体は環節と呼ばれる環状の体節でできていて、体軸に沿ってくり返し構造をとる体節性も重視される。環節は細かい剛毛で覆われており、この毛を使って移動したり穴を掘ったりする。

ミミズの生殖

ミミズは地上で交尾を行う。雌雄同体だが自家受精ではない。交尾の後、それぞれのミミズが先端から3分の1付近にあるふくらみの環帯から卵を含んだ分泌液を出し、その中に精子を入れる。その後、分泌液は小さなレモン形の卵胞となる。卵胞は地面に埋まり、

2〜4週間で幼体が生まれる。

ミミズは夜間に地上に出てきてエサを食べ、日中は通常、地面に掘った浅い穴の中で過ごす。ミミズの先端の環節には口があり、穴を掘りながら土を食べる。土には腐敗した葉や根などの有機物が含まれていて、そこから栄養分を摂取する。ミミズの排泄物は養分やミネラルを地中から地表へと循環させる役目をする。また掘った穴のおかげで土中の通気がよくなる。ミミズは健全な土壌形成には欠かせない生物なのだ。ミミズの作った土壌が遺跡を地下に埋没させる、とダーウィンは言っている。ミミズが1日あたりに摂取するエサの量は、体重の3分の1から2分の1に相当する。

ミミズの活動は、作物生産に欠かせない。ミミズは細かい土と有機物を食べながら、粗大な顆粒状にして排泄する。土壌の団粒化によって、水分保持力が高まり、降雨時の養分の流失を防ぐ。有機物の分解を促進し、土壌の物理的、化学的性質を改善するので、土壌動物や微生物の生息場所や餌が多様になり、多種多様な生きものが生活できるような環境を形成する。

ミミズの体内からは、有機物の分解を速やかに行うため、フォスファターゼなどのいろいろな酵素が分泌されている。最近ではミミズの能力を活かした環境保全や下水処理プラントまである。ミミズの腸管内には窒素固定を行う共生菌もいる。このように、ミミズの腸内では、さまざまな生化学反応が行われて、土壌とは異なった環境を形成している点で、人間の腸内環境のプロトタイプといえる。

6 ヤツメウナギ

下等な動物から私たち人間まで進化のながれが繋がって器官の形成が追える例としてヤツメウナギを挙げたい。

今に残るヤツメウナギは先カンブリア紀のオルドビス紀（4億9500万年前〜4億4300万年前）に進化した顎のない

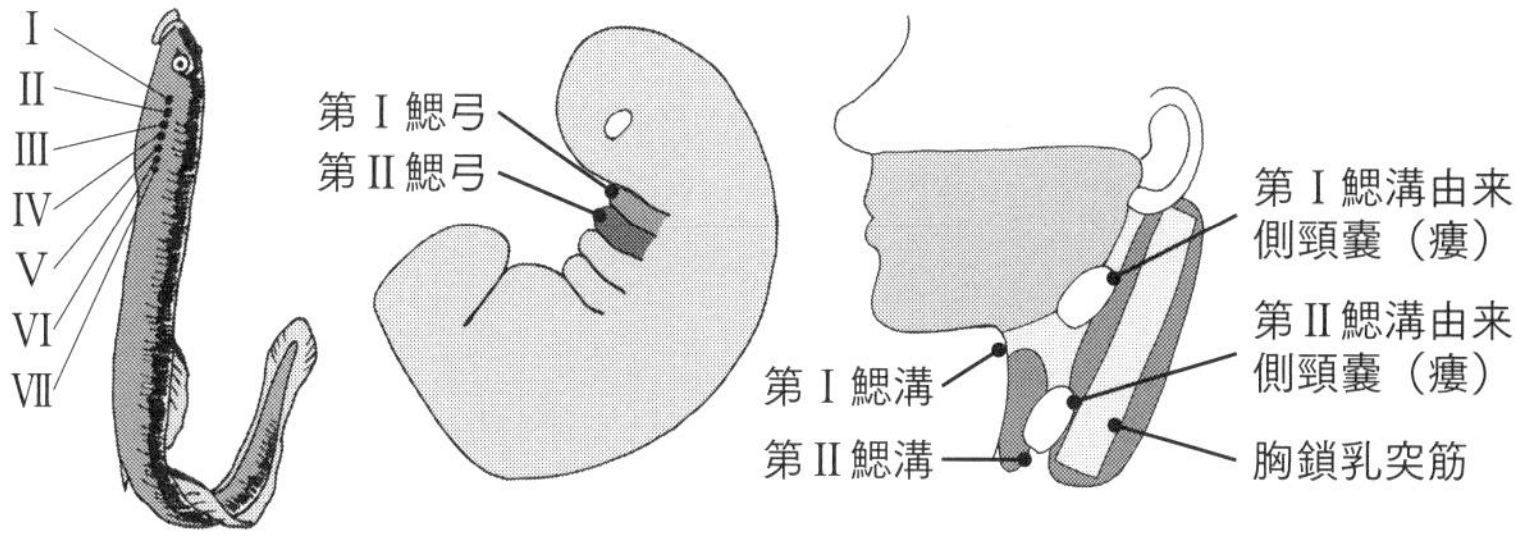

胎生５週の胎児　　**頸部の発生と側頸嚢（瘻）**

脊椎動物の生き残りであるが、その生態は「いのち」を考える好材料である。[16] ヤツメウナギの体の両側には7対の鰓孔《さいこう》があり、それが一見眼のようにみえることから本来の眼とあわせて「八目」と呼ばれる。鱗のない体は細長く「ウナギ型」で、日本で食用とされるのはほとんど体長約50～60㎝のカワヤツメである。

ヤツメウナギの食道と共通する鰓弓《さいきゅう》は7つあるが、7つ目が哺乳類では気管と肺になる。Ⅰ～Ⅳ鰓弓は顔面筋、咽頭、頸部、甲状腺、舌骨などになる。ヒトの胎生期の初期には鰓弓をもつ時期があり、比較解剖学の重要性を物語っている。

ヤツメウナギは脂肪に富み、ビタミンAを100ｇに15万国際単位以上含むので、江戸時代から夜盲症の薬として乾物が出回っていた。肝は特に栄養分が多いため、これを軟骨と共にミンチにして「肝焼き」として供することもある。ビタミンAを多く含むことから、古くは夜盲症（鳥目）や疲れ目などの症状改善に用いられてきた。

春に川を遡上し、5、6月に産卵する。3㎜程度の黄色い卵を、数百～数万個も産卵する。ひと月ほどで孵化すると、まずアンモシーテスと呼ばれる幼生期を数年間過ごし、その後成体へと変態する。アンモシーテス幼生の基本的な概形は成体に似るが、口は吸盤状でなく漏斗のようで、泥底に潜って水中から有機物を濾しとって食べている。

ヤツメウナギの生活

その生涯は「食の相」と「性の相」にわかれる。食の相では下半身を砂に埋め、太い上半身を砂の上にたてて開きっぱなしの円口から水とプランクトンを流し込み、口から肛門までの一本の管で呼吸・消化・吸収をする。成長すると卵子、精子をつくり始めるがこの段階では飲まず食わずとなり、体腔は肝臓と腎臓、心臓のほかは卵ではちきれそうになって、腸管まで切れぎれになってしまう。腸にあった造血巣も脂肪化してエネルギーに使われる。そして流されないように岩に吸いつきながら産卵場まで移動し、目的地にたどりつくと水底の小石に吸いついてひとつずつ動かして小さなくぼみをつくり、雄と雌はくぼみの石にならんでくぼみに卵子と精子を放出する。その瞬間から個体は死にむかって流される。生物の二大本能といえる「個体維持」と「種族保存」をこのように明確な形で「食」の相と「性」の相として示す。[16]

7 ミツバチ

進化の系統樹で昆虫は独自の道をいくが、昆虫の変態は形態変化の根本的部分となっている。[10] 昆虫の種類は地球上でもっとも多く、貴重なたんぱく質源として食糧にする住民も多い。昆虫の幼虫は特定の発生段階に達すると成長をやめ、それ以上は脱皮をしなくなるが、劇的な変態により成体の形態をとるようになる。昆虫の変態は内的発生プログラムとともに、栄養や気温、光といった環境条件によって、脳のホルモン産生細胞が活性化し、変態を調節する。

進化の系統樹からかけ離れていてもショウジョウバエで見付けられた転写因子をコードするＨｏｘ遺伝子はパターン形成に関係する遺伝子であり、哺乳類にも共通するものである。しかし、これで形態形成すべてを説明できるのか、ということがドリューシュの新生気論の要となる。

昆虫の体は精巧、緻密であるが、赤血球のヘモグロビンのような酸素運搬能力をもたず、気門からとりこんだ空気は毛細気管を通じて組織に拡散によって届けられている。血管も解放系で効率のよい循環ができない。その為に大きくなれない。しかし、集団のコロニーが一つの生命体として機能することで社会性を有し、驚くべき機能性を発揮している。アリの社会性を観察して統合知（consiliance）に思い至ったのはＥ・Ｏ・ウィルソンであった。[22]

日本の坂上昭一らによるミツバチの社会性を示す行動研究も世界

的に有名で、E・O・ウィルソンの『社会生物学』にも数多く引用されている。

ミツバチの社会性

ミツバチの化石は約2300万年前から約500万年前までの中新世から出土している。エジプトのファラオの時代から蜂蜜をとるのに使われ、人間との縁は深い。私たちの口にする食べ物の30%はミツバチの受粉のおかげ、という説もある[23]。

ミツバチは情報伝達もできる。蜜源が50メートル以上の遠い場合は「尻を振りながら直進―右回りして元の位置へ―尻を振りながら直進―左回りして元の位置へ」という、いわゆる「8の字ダンス（尻振りダンス）」で距離を表す。すなわち尻振りの速度が大きいときは蜜源までの距離が近く、速度が低いときには距離が遠い。花粉や水の採集、分封時の新たな巣の場所決定に際しても、同様のダンスによるコミュニケーションが行われる。[23]

ミツバチの働きバチは受精卵から発生する2倍体であり全てメスである。通常メスの幼虫は主に花粉と蜂蜜を食べて育ち、働きバチとなるが、働きバチの頭部から分泌されるローヤルゼリーのみで育てられたメスは交尾産卵能力を有する女王バチとなる。オスは未受精卵から発生する1倍体であるが、働きバチに比べて体が大きい。

オスは女王バチと交尾するため、晴天の日を選んで外に飛び立つ。オスバチは空中を集団で飛行し、その群れの中へ女王バチが飛び込んで出来る限りの交尾を行う。オスバチは交尾の際に腹部が破壊されるため交尾後死亡するが、精子を貯め込んだ女王バチは巣に帰還し産卵を開始する。セイヨウミツバチの成虫の寿命は、女王蜂が1から3年（最長8年）、働き蜂が最盛期で15から38日、中間期は30から60日、越冬期が１４０日、雄蜂は21から32日である。

ミツバチが滅べばヒトも滅ぶ

ミツバチの天敵としてアジアだけに生息するオオスズメバチがいるが、日本ミツバチはオオスズメバチへの対抗手段として、巣の中に侵入したスズメバチを大勢のミツバチが取り囲み蜂球《ほうきゅう》とよばれる塊をつくり、蜂球の中で約20分間の間に48℃前後の熱を発生させて殺す。ミツバチは上限致死温度が48～50℃であるため死ぬことはない。ミツバチ属は現生種では3亜属9種に分類されるが、蜂球をつくることは日本ミツバチに特徴的で、日本という風土において進化した結果といえる。

現在、世界で何十万という巣箱が潰れている。この蜂群崩壊症候群の原因としてネオニコチノイド系農薬が疑われている。神経に浸透し、帰巣の方向感覚を失わせるためといわれている。ネオニコチノイド系農薬は水溶性の為、扱いやすいので米作りに大量に使われている。便利さの追求が環境破壊につながったDDTやPCBのような歴史を繰り返さないようにしたい。アインシュタインはミツバチが死に絶えたら4日後に人類は滅びる、と予言している。

系統分類

18世紀には全ての生物は形態の特徴によって博物学的に分類され、進化の系統樹もつくられた。[8] 今も動植物の多くの学名の最後に命名法を考えたスウェーデンのリンネの名前がついている。ダーウィンの進化論やレネックの個体発生は系統発生を繰り返す、という説が出たのもこの頃である。20世紀末に発達した分子遺伝学的方法によって、さらに分子系統でたどる系統樹が作られるようになった。[10] 分子系統学はDNAの塩基配列やたんぱく質のアミノ酸配列の変化により、系統の類縁性や突然変異の頻度から時間的尺度を決め、分岐の時点を推定しようとするものである。とくにrRNAの分析は

カール・フォン・リンネ
1707〜1778　スウェーデン南部で生まれ、子ども時代から植物に興味をもつ。ウプサラ大学に学び植物の分類の基礎は花のおしべとめしべにあると確信。簡潔で、現在身近な種名を唱えた。1753年に『植物の種』を出版。分類学の父と称される。

古細菌、新生細菌の分類に大きな知見をもたらした。遺伝子の構造解析は20世紀後半で最大の生物学の進歩であり、「生命の共通基本原理」を理解するのに役立っている。

前述したように地球全体がダイナミックに動いていた、ということも考慮せねばならない。中生代から新生代にかけて一つの大陸であったパンゲア超大陸が分裂し、現在に続く大陸移動が始まった。スーパーコンピューターを駆使すれば気象変化も含めて地球環境の変化を生物進化と結び付けて考えることもできるようになった。特に大陸に特殊な、あるいは共通の生物を研究することによって大陸移動や生物進化のダイナミズムを理解できるようになった。

8 現生人類

ヒトがサルから進化した、などということは神による天地創造を信じている人にとって、到底承認できる考えではなかったろう。正しい表現はヒトとサルは共通の祖先をもつ、ということであるが。今でもアメリカの州によっては進化論を否定している所がある。哺乳類からヒトへの進化は化石の少ないこともあって論議が多かったが、分子時計の方法を取り入れてサルからヒトへの進化の分岐した時を推定できるようになった。分子時計とは遺伝子や分子の突然変異の部位を数えて、突然変異の頻度から時間を割り出すのである。オランウータンとアフリカ類人猿の分岐がおよそ１５００〜１８００万年前、ヒトとチンパンジーの間の分岐が５００〜７００万年前とされる。初期の人類の化石がまだ発見されていなかった１８７１年にダーウィンは次のように予言した。「世界のそれぞれの大陸を見ると、現存する哺乳類はその地域で過去に絶滅した種と近縁である。それゆえアフリカには以前、ゴリラやチンパンジーと近縁な、絶滅した類人猿が住んでいたと考えられる。そしてこの二種は現在の人間ともっとも近縁な種であるので、われわれの初期の祖先は、どこよりもアフリカに住んでいた可能性が高いだろう[6]『人間の進化と性淘汰Ⅰ』。ダーウィンの洞察力は鋭い。その後アフリカでヒト化石がつぎつぎと発見され、ダーウィンの仮説は証明されている。

消滅した人類

500～700万年前は森林が後退し、乾燥化によってサバンナが広がり始めた時代であり、これがサルからヒトへと進化したことに関係したと思われる。人類進化の道のりは猿人から、原人へ、また旧人から新人へという従来思われていた直線的なつながりではなく、近年の研究から複線の進化であったということがわかった。いくつかほろびた人類があり、私たち現生人類がいつまでも生存できる保障はどこにもない。

ホモ・エレクトスは180万年前に脳の容量が800㎖ほどになった。北京原人やジャワ原人がホモ・エレクトスに属し石器を使用し、火も使い始めた。２００７年初頭にインドネシアのフローレス島の洞窟で20体ほど発掘された古代人の化石は１万８０００年前のものとされたが、１ｍほどの身長で、脳も４００㎖ぐらいと現世人類の３分の１程度しかない。当初はピグミーか子どもの骨と思われたが、骨盤の形から大人の骨と判定された。骨の形からはジャワで途絶えたホモ・エレクトスのジャワ原人に近いが、アフリカのホモ・エレクトスは身長２ｍ近い人種であったので、「島の法則」によって小型化したと思われる。島の法則とは天敵から隔離された孤島にすみついた生物は小型化する、という法則でいままで象や虎で観察されていたが、ヒトでも起こりうることが示された貴重な例で、ダーウィンの唱えた環境への適応ともいえる。

ホモ・エレクトスは１５０万年ほど生存した。25万年ほど前になると頭骨に多様性が現れ、骨格は現生人類にちかづいた。ネアンデタール人は４万年前に頭蓋骨の内容積はもう１５００㎖となった。ネアンデタール人は洪積世の氷河期の最後の時期までヨーロッパに

ヒトの脳体積の変遷

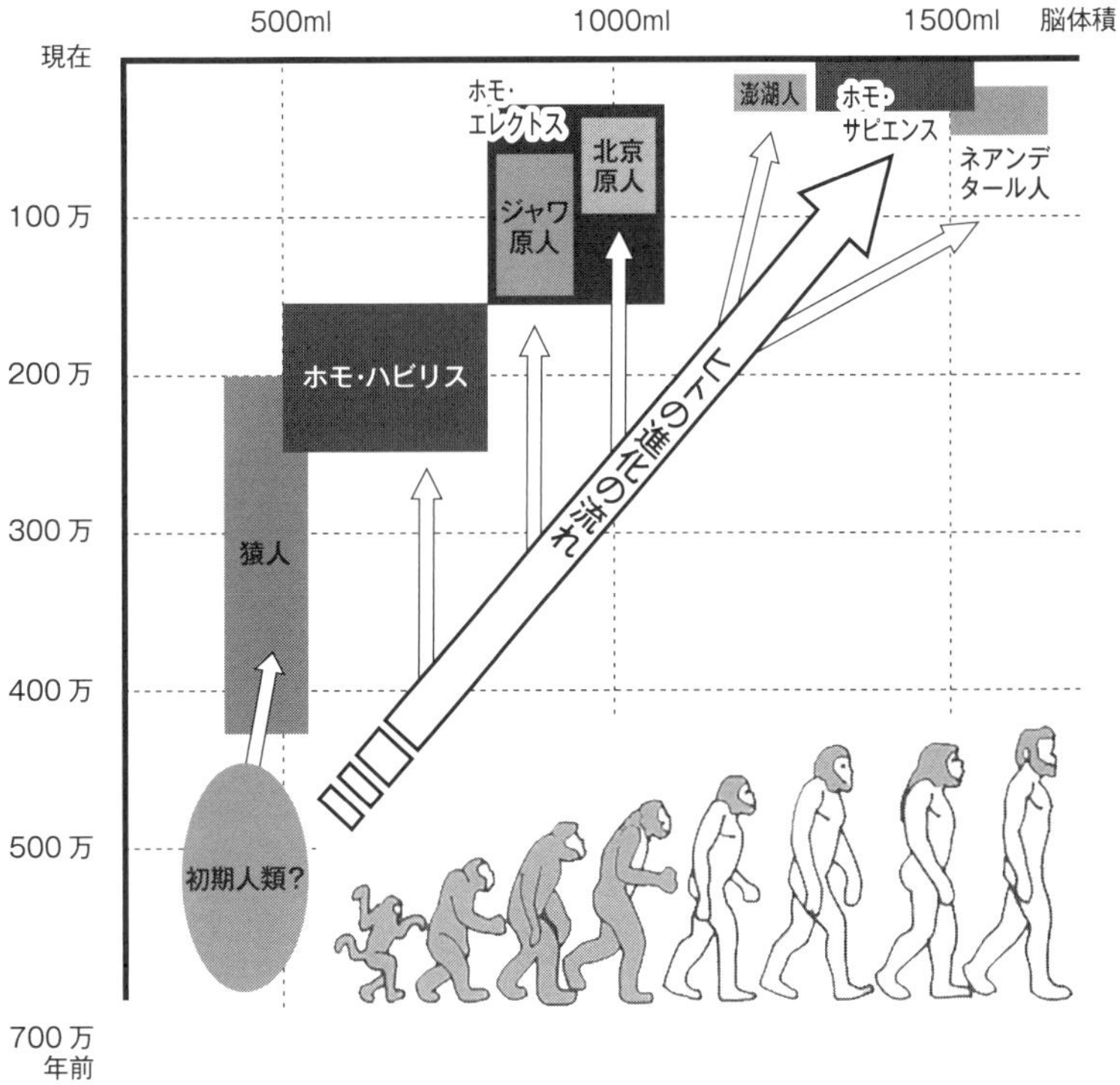
500ml
1000ml
1500ml
脳体積
現在
100万
200万
300万
400万
500万
700万
年前
ホモ・エレクトス
北京原人
ジャワ原人
澎湖人
ホモ・サピエンス
ネアンデタール人
ホモ・ハビリス
猿人
初期人類?
ヒトの進化の流れ

住んでいた。現世人類のホモ・サピエンスとは時代が重なっている
ので棲み分けていた可能性がある。遺伝子検索からは両者間の交配
はなかったとされるが、最近の学説では一部混血していた可能性も
あるという。現生人類は16万年ほど前にアフリカで生まれ、ヨー
ロッパで一時はネアンデタール人と同時代に重なっていた可能性が
あり、交配の可能性を完全には否定できない。

人類の移動と定着

農耕生活にはいった現生人類は狩猟一本のネアンデタール人より
やや小柄になった。

現在のヒトはコーカソイド（白人）、モンゴロイド（黄色人種）、
ネグロイド（黒人）に大別できる。カルフォルニア大学のグループ
がアフリカ人、ヨーロッパ人、アジア人、ニューギニア人、オース
トリア人から147人のミトコンドリアDNAをしらべ、今の人類

スティーブン・オッペンハイマー
1947〜　遺伝子による現生人類の「出アフリカ」説を気候変動や火山の噴火、考古学、人類学、言語系統学などの研究を統合知にもとずいて記述。多地域進化説の根底にあるヨーロッパ中心主義や人種差別主義が無根拠であることを証明した。

は16万年前のエチオピアの女性（イブと命名）に由来すると発表した。細胞質にあるミトコンドリアDNAは母親からの卵子のみに由来するから、DNAの突然変異の形をきめれば指紋のように母方の祖先をたどれる。後に男性にしかないY染色体の変異も調べられ男性の移動もモンゴル族の西方への拡散による影響があったが、それを除けば女性とほぼ同じであることがわかった。遺伝子の研究を総括し、従来の考古学や気象学の知識と合わせて意欲的に書かれたスティーブン・オッペンハイマーの『人類の足跡10万年全史』は私たちの歴史認識に大きな示唆を与えてくれる。[11]

最後の氷河時代は1万年ほどまえに終わるが、2万年前には海面が下がりベーリング海峡はアジアとアメリカの通路となっていたし、北海道は樺太と、また黄海から朝鮮半島、九州、山陰へも地続きであった。マレー半島もジャワ、ニューギニア、オーストラリアと地続きであり、現世人類ホモ・サピエンスの食を求めての移住が続い

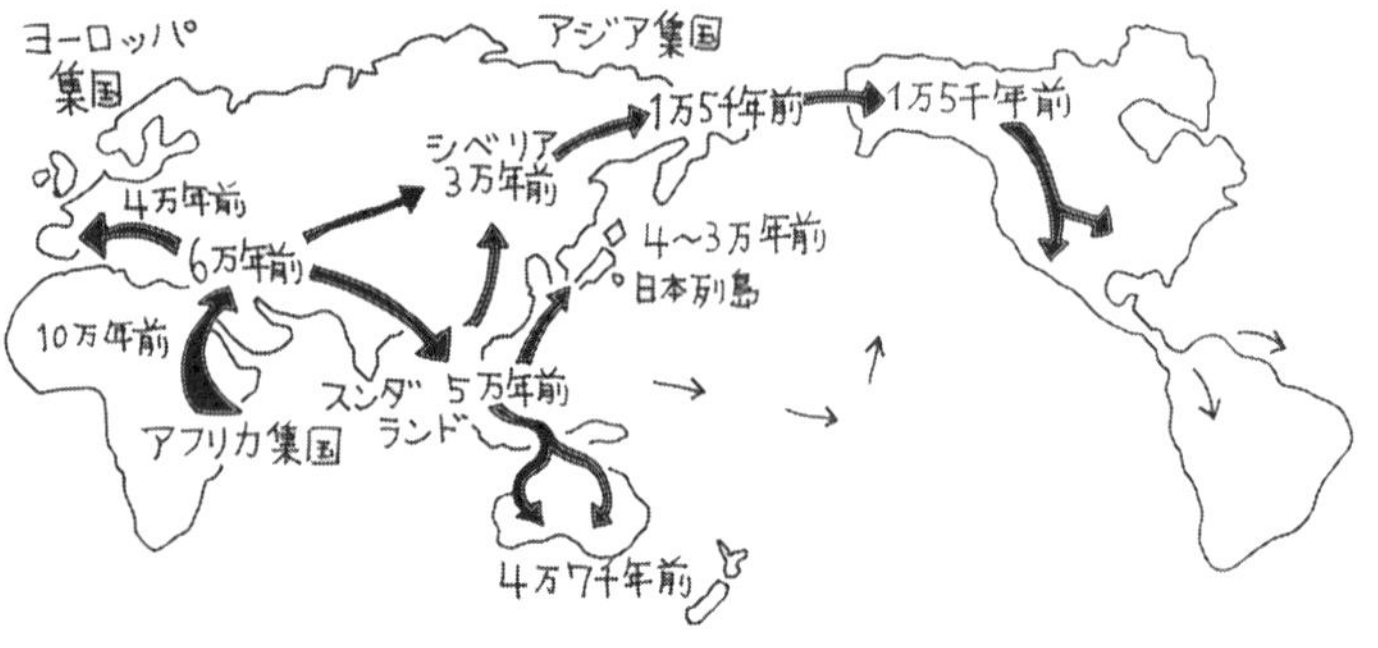

た。[24]遺伝子パターンと考古学的発見から現世人類の東方への拡散はアフリカからインド、ニューギニア、長江流域へと、海岸沿いに移動したと思われる。遺跡からみると魚介類を食するようになったのは現世人類からといわれている。

農耕生活の始まりと文明

人類が食料を定着して生産するようになったのは、氷河時代が終息した頃からだと考えられている。事実、西アジアの「肥沃な三ヶ月地帯」の場合、1万1800年から1万1000年前のアレレード温暖期の遺跡からは野生種の植物が出土しているが、ジェリコやアスワルドの寒冷期の遺跡からは、栽培種の小麦や大麦が大量に出土している。永井俊哉は、温暖期に人口を増加させた狩猟採取経済が、寒冷期には狩猟が困難になり人々に農業を強いたと解釈した。[25]西アジアと東アジア以外の地域でも、農業は寒冷期に開始されてい

永井俊哉
1965〜　京都生まれ。大阪大学文学部哲学科卒業後、東京大学大学院で倫理学を専攻。専門はシステム論。哲学から物理学、経済、政治等々インターネットを中心に新たな知の統合を目指す。

る。メキシコ北部でかぼちゃが栽培されたり、ニューギニア高地のクック沼地でタロが栽培され始めたのは、9000年前で、これはボレアル寒冷期にあたる。

歴史時代に入り、民族と国の問題が生じてきた。私は数年前にエジプトを訪問し、古代エジプトからギリシャ、ローマへの文明の伝承を象形文字からアルファベットへと繋がる文字の変遷から実感できた[26]。また、ルクソールのラムセス4世の宮殿や王家の谷の墳墓を見、出エジプト記やモーゼのユダヤ教の由来に想いを馳せた。

東アジアでも同じように古代に人の流れが日本へと向かってきた。日本人の起源として縄文時代から弥生時代への転換期に、在来の縄文人と大陸から移住してきた弥生人の二系統があげられ、両者の間に闘いもあったであろうが、神話時代から古代に国家の原型がつくられ、2000年の歴史のうちにほとんど単一民族としてのアイデンティティを持つようになった。

1. ハンス・アドルフ・ドリューシュ　米本昌平訳 『生気論の歴史と理論』 書籍工房早山　東京　2007
2. 渡邊昌 『新・統合医療学』 生命科学振興会　東京　2014
3. 沼田勇 『幕末名医の食養学』 日本綜合医学会　1993
4. 難波紘二 『誰がアレクサンドロスを殺したのか？』 岩波書店　2007
5. 今西錦司編集　池田次郎／伊谷純一郎訳 『世界の名著　ダーウィン人類の起原』中央公論　東京　1967
6. 陽捷行 『この国の環境』 清水弘文堂書房　東京　2011
7. 佐々木茂美 『「見えないもの」を科学する』 サンマーク出版　東京　1998
8. 石川純　斎藤成也　佐藤矩行　長谷川眞理子編 『マクロ進化と全生物の系統分類』 岩波書店　東京　2004
9. ジュリアン・ハクスリー　長野敬／鈴木善次訳 『進化とはなにか―20 億年の謎 2642 を探る』 講談社　東京　1968
10. 佐藤矩行　野地澄晴　倉谷滋　長谷部光泰 『発生と進化』 岩波書店　東京　2004
11. ステイーヴン・オッペンハイマー　仲村明子訳 『人類の足跡 10 万年全史』 草思社　東京　2007
12. ルイス・ウオルパート　大内淑代　／野地澄晴訳 『発生生物学』 丸善出版　東京　1940
13. 今西錦司 『私の自然観』 筑摩書房　東京　1966
14. 村上和雄 『サムシング・グレート　大自然の見えざる力』 サンマーク出版　東京　1999
15. 光岡知之 『腸内細菌学』 朝倉書店　東京　1990
16. 三木成夫 『生物形態学序説―根原形態とメタモルフォーゼ』 うぶすな書院　東京　1992
17. クロード・ベルナール 『実験医学序説』 岩波書店　1970
18. 藤田恒夫 『腸は考える』 岩波書店　東京　2007
19. 高橋徳　市谷敏訳 『人は愛することで健康になれる　愛のホルモン・オキシトシン』 知道出版　東京　2014
20. 川寛監修　小原雄治編集 『線虫』 共立出版　東京　1997
21. 中村方子 『ミミズに魅せられて半世紀』 新日本出版社　東京　2001
22. エドワード・オズボーン・ウィルソン　山下篤子訳 『知の挑戦～科学的知性と文化的知性の統合～』 角川書店　東京　2002
23. スー・ハベル　片岡真由美訳 『ミツバチと暮らす四季』 晶文社　東京　1999
24. 21 世紀研究会編 『民族の世界地図』 文藝春秋　東京　2001
25. 中尾佐助 『栽培植物と農耕の起原』 岩波書店　1966
26. 渡邊昌 「エジプト文明と太陽の船」『ライフサイエンス』 生命科学振興会　東京　2004

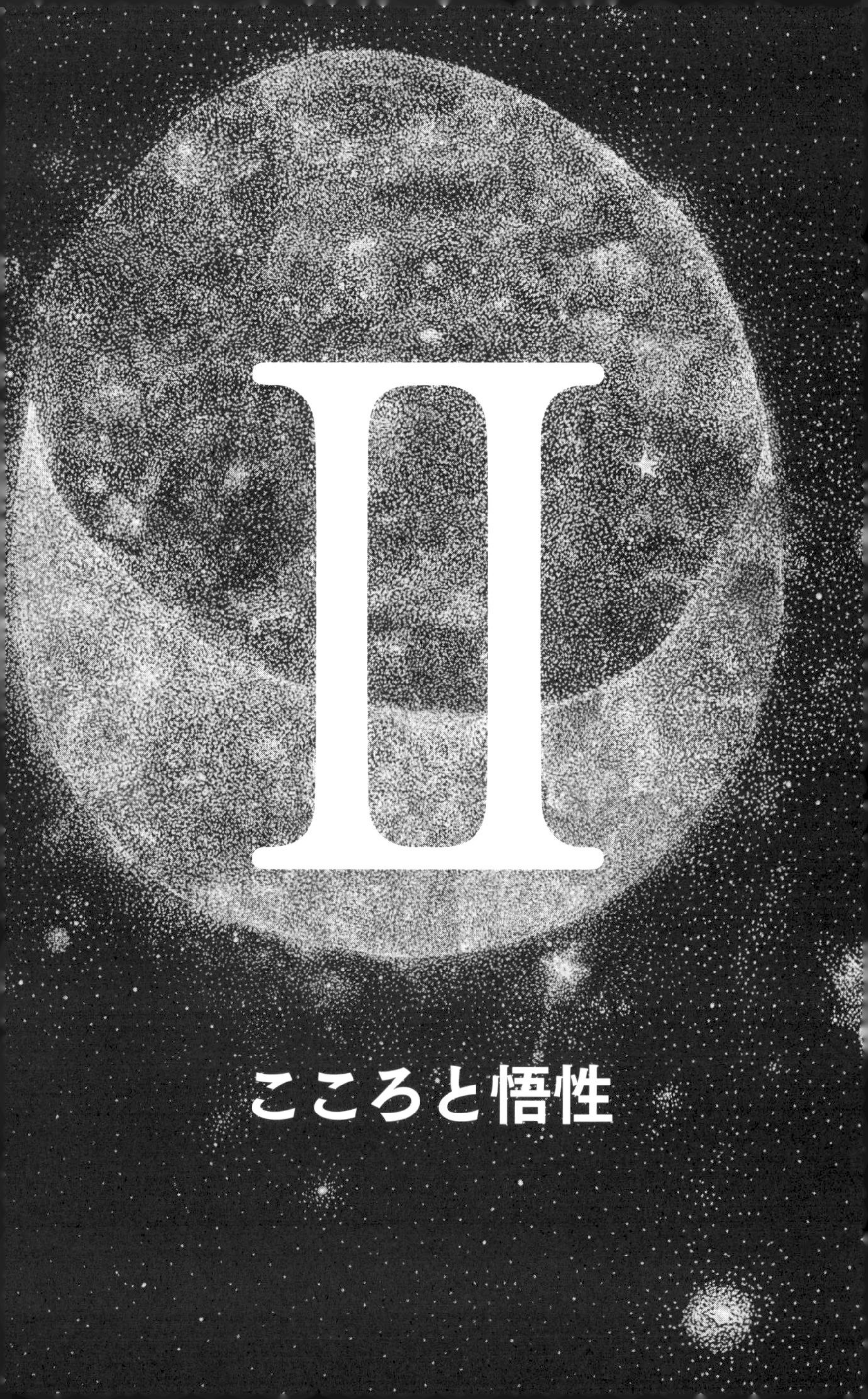

II

こころと悟性

1
胎生期の快・不快

生物進化の歴史から見ると、人間は精神活動の能力を得たのが特徴で文明をつくりだした。特に人間が人間であることを自覚し、自分に精神的世界のあることを認識して以来の精神面の進化は統合知のもとに再考されねばならない。孔子、釈迦、プラトンが交流もないのにほとんど同じ時期にあらわれたことをヤスパースは軸の時代と呼んだ。これは人類の共時性の進化を現わしている。

近年の脳科学の発達はめざましいものがあるが、脳の構造がいくらわかってもこころがわかるわけではない。ものとして捕まえることができないからである。

私は胎内の成長が、進化の過程をある程度繰りかえしているといったラマルクの洞察力は優れたものであると感嘆している。ヤツメウナギで述べたように、鰓弓から咽頭に分化するあたりは魚類か

シュヴァリエ・ド・ラマルク
1744～1829　フランスの植物相に関する多数の著書を著した。フランス自然誌博物館の職に就き、1802年に「生物学」(biologie)という用語を作り脊椎動物と無脊椎動物を初めて区別した。ラマルクは自然発生説を信じていた。

情動を生み出す腸脳

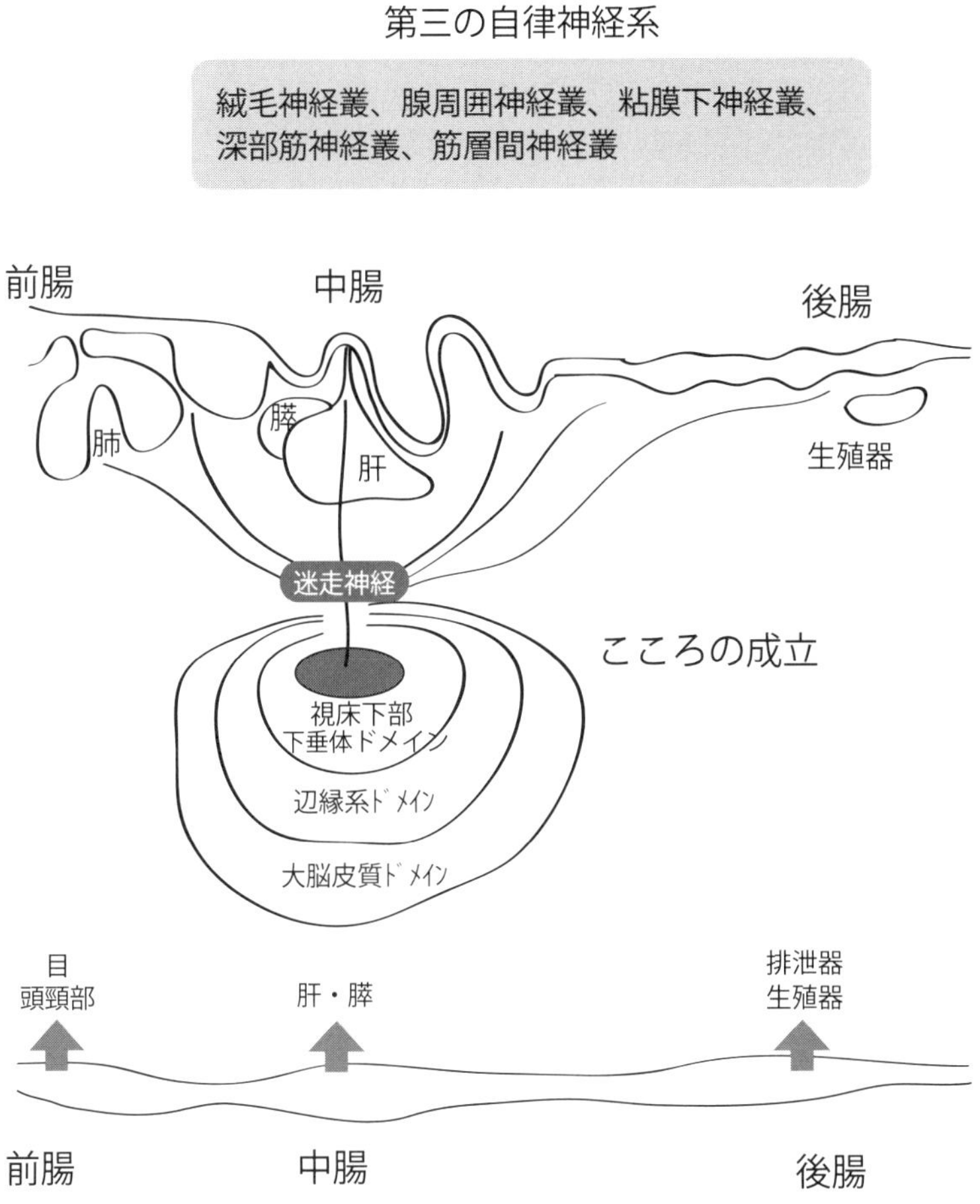
第三の自律神経系
絨毛神経叢、腺周囲神経叢、粘膜下神経叢、
深部筋神経叢、筋層間神経叢
前腸
中腸
後腸
肺
膵
肝
生殖器
迷走神経
こころの成立
視床下部
下垂体ドメイン
辺縁系ドメイン
大脳皮質ドメイン
目
頭頸部
肝・膵
排泄器
生殖器
前腸
中腸
後腸

ら哺乳類への進化の形を色濃く残している。胎児胚のきわめて初期にあらわれる腸管から迷走神経によって脳に送られる快・不快の情報が脳の褒賞系を育て、前頭前野の情緒的判断を育てるのである。[27]

超音波画像の進歩により妊娠中期の胎児は口から羊水を飲み、喜怒哀楽の表情を見せるようになることがわかった。[28] 大脳基底核に入った信号は前頭野で快・不快の判断がされ、辺縁系に記憶がつまれていく。このようにして「心」は出来てくるのである。人間は大脳皮質を発達させ、考えたり、行動したりするようになったが、大脳皮質の下にはこのように何億年という進化の歴史が秘められている。腸管の神経系は第3の自律神経系といわれ、意識されることはないが、それだけ意識の底にしずみこんでいる。

胎児・乳児からの成長

本能的に乳首に吸い付いて母乳を飲むこと、母親の顔を見てにっこりすること、成長すると伴侶を求めて生殖行為に走ること、死の恐怖などは皆、論理的に考える意識とは関係のないところで起きている。

胎児のうちはひたすら母親から栄養を得て成長する。母親と子供のきずなの確立は胎生時から始まっているが、胎盤を介したつながりは授乳によっても続くのである。これがこどものこころの成長の糧となる。WHOは乳児を6ヶ月間は育てること。その後離乳食と共に授乳を続けるように勧告している。乳房の形が崩れるからと人工乳による哺育を好しとする風潮が一時あったが、母乳にまさるものはない。個人に対し専ら授乳のみにより継続して育てることは、母親にとって、また子供にとっても有益である。

授乳の際に幸せな気分になるのはオキシトシンという下垂体後葉ホルモンの影響が大きい[19]。子供には、過体重や肥満になるのを予防し、母親には、乳がんのリスクを減少させる。授乳は、乳児の感染

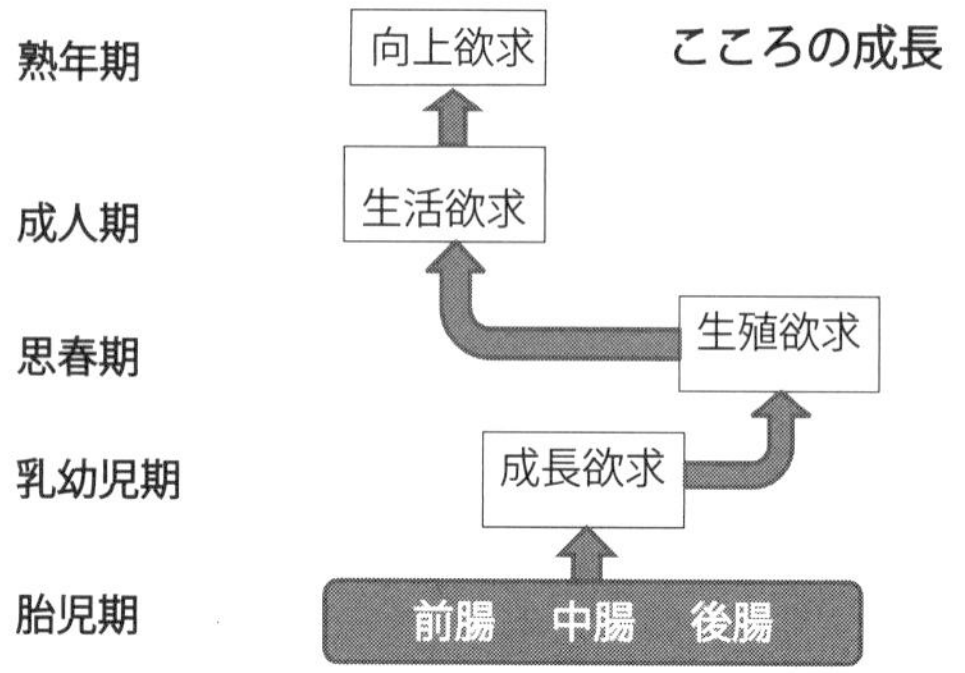

を防ぎ、未完成な免疫機能を補い、小児のさまざまな疾病に予防的に働く。授乳は世界の中で、水の供給が衛生的に安全でなく、貧しくて乳児のフォーミュラや乳幼児用の食物が買えない様な場合には特に重要である。

　これは出生後も母乳を独占して成長しようという欲求になる。そして幼児期の成長のためにもひたすら食欲が優先する。

　思春期になると性的欲求が強くなる。ここで良き伴侶が得られれば、家庭をつくり、安定した生活、子育てを望むようになる。子どもも独立して離れていけば、あとは自分の老境をどう過ごすかということになる。これを有意義に使うか、どうかで人生の満足度に大きな差がでる。平均寿命は男性80歳、女性86歳なので、65歳からでも長い期間がある。

　それぞれの節目でどのような選択をするか、という集積が一生の結果につながる。

2　こころの発達

私は進化の過程から考えて腸管の発達こそが人間の進化をリードし、本能的欲望の根源であると思い到った。腸管には今も5つの神経叢があって自立性を保っている。これは腸脳というのにふさわしい。腸管内には100兆個以上の腸内細菌が共生し、体内で小宇宙をつくっている。この腸内環境が人間の感情の8、9割ぐらいに関係している。ストレスと炎症性腸疾患の関係はよく知られるようになった。

この腸脳のあくなき生存のための欲望は名誉欲、物欲、性欲につながるものである。この腸脳と大脳の関係を知って、もろもろの欲を意識でコントロールできるようになって初めてホモ・サピエンスというにふさわしい。人間は名誉欲・物欲・性欲にひきずられ

る「腸脳人間」のレベル、腸脳—大脳、意識界と無意識界の関係を知って、理性的に自分の行動を制御できるようになるレベル、ここではじめて知的人間Homo sapiensになったといえる。

悟性人間

さらに自分以外の人間との絆、あるいは他生物との共生を「いのち」として体感してスピリチュアルな生き方を目指す「悟性人間、ホモ・スピリトゥス」のレベル。この3段階にわけられると思うようになった。[2] 他人のいのちを知り、自分のいのちとの共生を体感できるようになるとそれは一種の悟りであり、ホモ・スピリトゥスと呼ぶにふさわしい。ここに至って初めて「人間の尊厳」ということがわかる。ここに至るには老成が必要であり年月がかかる。インドでは生涯を4期にわける考えがあるが、これは己の能力を社会のために役立てる「遊行期」にあたる。

意識する自分が自分ではない、全てを含んだ心を持ったいのちが「自分」と言えるのである。デカルトは体と精神を分け、体は自然科学に任せ、精神を神の領域とした。この思想が解剖学、生理学など基礎医学の発展をもたらしたが、一方で哲学はキリスト教の呪縛から抜け出すのに大変な苦労をした。

3　考える私　意識と無意識

私が自分と考えている自分とは何なのだろう。私が知っている自分は子ども時代からの記憶を持ち、体をうごかし、毎日、食べて、寝て、将来を考え、という日常生活や家庭、地域社会との関係の中で生きている。その中には日々の喜怒哀楽があるが、老いて死ぬ、という大きな流れに抗うことはできない。一方で私たちの体の細胞の寿命はせいぜい数日から数週間程度のものが多い。生涯生きるのは心筋細胞と神経細胞くらいといわれる。

「認識・表象の三段階における理性・感覚の違い」

統合知の三段階	理性的	感情的
気付き	客観的	主観的
ことば化	ことば	好き・嫌い
かたち化	論理学・哲学	詩歌・舞踊・絵画・芸術

人間は大脳の発達によって生物界の最高位に君臨していると思っている。大脳こそが人間だという本もある。一般に左脳は意識に連結し、言語、計算など理論的なこと、右脳はほとんど非言語的、直感的で、音楽、絵画など感情的なことを扱うとされる。[29] 日本人の考え方に特徴が見られるのは左脳に情動など右脳が処理することも同居している、という説もある。

私は統合知による認識について考えていて、「気付き」「ことば化」「かたち化」という三段階の働きがあるとすると説明しやすいということを発見した。さらに理性的と感情的という2種類の認識から表現に至るパターンがかなり独立してあることに気が付いた。理性的経路では、気付きは論理的になされ、的確な言葉で表現され、論理学、あるいは哲学として体系化される。一方、感性の系列では気付きは直感的であり、ことばには必ずしも表現されずに「好き・嫌い」で判断され、かたち化も音楽や絵画のように非言語によってなされる。どちらかといえば、男性は前者が多く、女性は後者が多い。それゆえになかなか男女は分かりあえず齟齬も多い。

脳科学と心理学の進歩

確かに感情や思考を脳の部位と関係づけることはｆＭＲＩや無麻酔開頭手術などによって大幅に進歩した[30]。脳の部位との関係でいうと、大脳は判断と行動、知能的なことを扱い、延髄、脳幹部が呼吸や体温などの生命の維持に、視床などの中脳がさまざまな情報処理や記憶など、意識下の働きをする。脳の働きは「知・情・意」といえるが、この情は喜怒哀楽や恐怖、好き、嫌いなど大脳辺縁系の働きに加え、視床下部の食欲、性欲、睡眠欲、など個体の生命の維持や種族の保存など、本能に深く繋がっている。

しかし、そのようなことがいくらわかっても「こころ」の解明には程遠い。構造と働きとは次元が異なるため、刹那刹那の変化や雰囲気といったあいまいなことへの対応づけはできない。

人間のこころの研究は古くは宗教、哲学で扱われ、近代になって心理学や精神医学で扱われるようになった。脳が存在することのみでは、心や精神を説明できない。一般に精紳は論理的なこと、こころは情緒的な働きを指す。全身臓器が神経・内分泌系を介したネットワークで結ばれ、機能してこそ精紳、こころの働きが現れる。また、自分が意識する部分はせいぜい一、二割程度で、本能的なものも含めほとんどの働きは意識下にある。

腸脳は脳を支配

私たちは無意識の内に脳を最上位において、意志や意欲は大脳皮質の活動と考えている。しかし、進化の過程からみると腸を中心に考えた方が人間を理解しやすい。[18・31] 原始的段階からあった腸管壁の神経細胞はヒトにまで進化しても「散在腸管神経系」と呼ばれる第3の自律神経系として残っている。この神経叢は5つにわかれ、消化液の分泌や消化管の筋壁を支配してかなり自律的に消化や蠕動運動を行っている。

脳からくる副交感神経、交感神経も腸の蠕動に多少の影響力をもつが、自由に手足をうごかすように意思の力で腸管の活動をどうこうすることはできない。下痢や便秘は意のままにならない。また、内蔵からの感覚神経は迷走神経に集束されて視床下部に至る。食欲を調節するホルモンのグレリンは胃からの迷走神経髄索内をながれて脳の食欲中枢に移動する。これは血管が形成される前は栄養物質が神経管内を移動する原初的形態の遺残といえる。消化器側から大脳をみるとすべての情報は視床下部という大脳の5％もない小さな領域に集まっているのだ。

視床下部は第三脳室の室周囲領域、内側領域、外側領域の3つにわけられる。内側領域は下垂体の内分泌をコントロールする多くの神経核がある。外側領域に分布するニューロンは大脳皮質や辺縁系からの情報、呼吸や心・血管をコントロールする延髄からの情報を受けて自律的に反応を調節している。視床下部は神経、内分泌系をあわせたホメオスターシスの中枢ともいえるが、腸脳が生存の為に機能を最大限に発揮できるように作った前線司令部ともいえる。

腸管の働きは人の意識にのぼることはない。知覚による感覚のさらに深いところに数億年の進化の歴史を埋め込んだ臓器となっていて、まさに「腸脳」と呼ぶにふさわしい。仏教でいう阿頼耶識に相当するかもしれない。私たちは大脳から全身の末梢組織へ神経支配が行なわれていると考えがちであるが、発想をかえて一番古くから生物にあって生命の本体ともいえる腸から全身をみてみると別の世界が開けてくる。

西原克成
1940〜　東京医科歯科大卒・東京大学大学院博士課程修了、三木茂夫の形態形成に共感し比較解剖学をおこない、腸管の部位によってこころへの影響が生じるというユニークな考えを出した。

内臓が生み出す心

生物学的に高等生物の本質は受精・妊娠・分娩によっていのちを後世代につなげることにある。生体を成長、維持させるために食べること、子孫を残すために生殖することは全動物に共通した現象である。進化の歴史をたどってみると、多細胞生物となったときに腸の発生があり、口から肛門に通じる腸管ができ、その後、腸管に前腸、中腸、後腸の区別が生じ、機能分担をするように分化した。

『内臓が生み出す心』という本を2002年に出版した西原克成は、進化に対応して現存する生物を詳細に解剖し、水中生活から陸上にあがった現存モデルはネコザメであるとした[32]。発生的には眼、鼻、聴覚器官、平衡器官は鰓腸の付属器官であり、呼吸をおこなう腸は食道部分に対応する「鰓腸」であり、心と精神・思考を九割方支配すると考えた。直腸、肛門は彼のいう「鯡腸」であり、鯡腸はできた卵子や精子によって生じるうずきの心を身体であらわし、この部分から生じる性欲はもっとも制御しにくいという。それに対応する鯡脳は仙髄にあるというので、のこる腸管が狭義の「腸脳」ということになる。腸は迷走神経と脊髄の副交感神経の2重支配をうけ、渦をなす螺旋腸の平滑筋のリズム運動に財・名・色・食・睡の入り混じった自我そのものの情念がとぐろをまいて存在する、と表現した。証明ができない太古の現象であるが、仮説としては興味深い。

意識下の意識

意識の下にある無意識領域の世界はうつ病や心身症などの疾患に関係している[33]。西洋医学でその分野を発展させたのはフロイトの精神分析が基盤となっている。とくに抑圧された性欲を意識にあげることで問題の葛藤を解決しようとした。

フロイトは父親の死から衝撃をうけたが、精神分析理論の核であ

ジークムント・フロイト

1856〜1939　オーストリアのユダヤ系精神分析学者。性的病因説と抑圧理論で「無意識」を扱った精神分析は、現代思想に大きな影響を与えた。彼は終生無神論者で、アドラー、ユングをはじめ多くの仲間や弟子たちと袂を分かつことになった。喫煙による頭頸部がんに10年苦しみ、83歳の生涯を終えた。

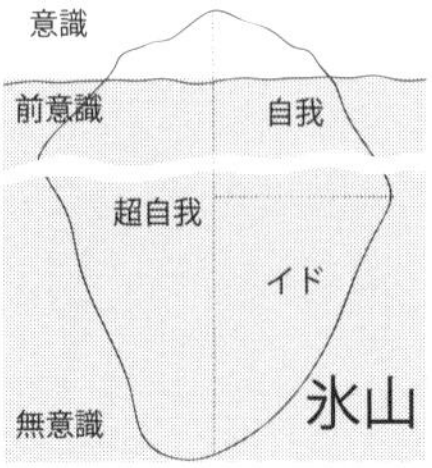

アルフレッド・アドラー
1870〜1937　ユダヤ人の中産階級に生まれ、ウィーン大学卒。戦後、神経症の患者を大勢観察する中で、共同体感覚が重要であることを発見し、共同体感覚を個人心理学の最新の基礎とした。権威主義的な教育に反対で、子どもの発達と治療を支援した。

ジャン・ジャック・ルソー
1712〜1778　自然な人間性はだれにとっても平等であるとし、封建体制に批判と攻撃を加え、フランス革命の思想的旗印となった。

るエディプス・コンプレックス理論へ昇華する。『自我とエス』では心の構造と、自我・エス・超自我の力動的関連などを解明し、自我を主体にして人格全体を考察する自我心理学の基礎を築いた。

人間性の解放

フロイトから別れたアドラーは、個人心理学を唱えた。体に障害がある人でも「意思の力」を発揮し、適応能力を高めることによって普通の人以上の事ができる。また、こころに問題を持った人でもそれを乗り越えることができる、という考え方である。人間性を解放しようという考えはフランス革命前のルソーやディドロの活躍に始まる。戦後はキィルケゴールに始まる「実存」の価値を重くみるようになった。

そういうことから戦後、ロジャースとか、フロムなどにより人間学的心理学という、初めて人間らしい心理学が出てきた。これは体験療法であり、また人間とは何かという本質に迫る方法でもある。その後、人間の力を越えるという非常に東洋的なトランスパーソナル心理学が出てきた。この人間学的心理学の中から、ロゴセラピー、フランクルの実存分析が出てきた。これは生きる意味を発見するという行動発動である[34]。

私は病理学という医学の最先端で研究をしてきたが、客観的データを、ということをたえず言われ続けてきた。しかし、対象を客観的にみようとするのは主観的自分である、ということの重みを最近になって気が付いた。主観的自分には、好き、嫌い、という感情の動きが大きい。そうすると普段意識していない自分がいることに気づく。

日本では武道や茶道など、道と名のつくものは、頭で考えなくて

ドゥニ・ディドロ

１７１３〜１７８４　「百科全書」の編集者でフランス革命に先立つ啓蒙書として中世の宗教的迷蒙を開いた。集まった知識人は百科全書家ともいわれ、フランス革命の思想的指導者となった。

セーレン・キィルケゴール

１８１３〜１８５５　コペンハーゲンの富裕な毛織物商人の子として生まれた。自分が全人格をもって肯定し、身を持って生きる主体的心理を追い求めた。実存主義哲学の祖。

カール・ロジャーズ
1902〜1987 イリノイ州でプロテスタントの宗教的に厳格な家庭に生まれる。コロンビア大学で臨床心理学を学び、人間に対する楽観的なカウンセリング論を提唱。フロイトの原罪的な悲観論とは対照をなす患者中心療法を提唱した。

エーリヒ・ゼーリヒマン・フロム
1900〜1980 ユダヤ教正統派の両親の元に生まれ、ハイデルベルク大学でカール・ヤスパース、ハインリヒ・リッケルトに師事。『自由からの逃走』で、個人の自由がいかにして権威主義とナチズムを生み出したのかを著述した。

も体が動くように鍛錬を重ねることが重要と言われる。名人の芸は無意識に体がうごくことが多い。一流のスポーツ選手もそうである。格闘技はいずれも頭で考えていたのでは間に合わない。

こころの持ち方という意味では宗教の果たす役割が大きい。ただし、信仰は意識、意識下の自分全体をキリスト教的な「神」あるいは仏教的な「法」に捧げようとするので、科学性、論理性などとは関係のない場合が多く、医療への応用や医療との和合がなされている段階にはない。しかし、終末期の患者は信仰を持っている方が死を恐れず、安心して往生する人が多い。

4 唯識とフロイトの潜在意識

西洋ではキリスト教が近代まで精神界を支配していたために、神が全てを決めている、として意識下の問題が深く考えられることはなかった。やっとフロイトにいたって潜在意識の問題が発見されたのである。それに対してインドでは2000年も昔から意識と意識下の問題が考えられてきた。とくに仏教哲学として、唯識の思想は現代に蘇りうる思想である。[35・36]

唯識はインドで3世紀ころ、ヨーガ的唯識派の世親によって打ち立てられた大乗仏教の一派であるが、その考えは現在知られている科学的事実と多くの点で一致する。[35] 唯識とは五種の感覚（視覚、聴覚、嗅覚、味覚、触覚）、法意識、さらに意識下の末那識、阿頼耶識の二層の無意識を想定している。五つの感覚器の構造と脳への神経結合、認識と判断などの問題については解剖、生理学的に明らかにされてきた。これらは十二本の脳神経に対応する。

六識は、それぞれ眼識が色を、耳識が音声を、鼻識が香を、舌識が味を、身識が触（触れられるもの）を、意識が法（考えられる対

ヴィクトール・エミール・フランクル
1905～1997　ウィーンに生まれ、アドラー、フロイトに師事。新婚で強制収容所に収容され、父、母、妻は殺害された。『夜と霧』で悲惨な状況で人はどのように生きていられるか、という問題に取り組み、実存分析を完成させた。

世親
仏滅後900年にパキスタン・ペシャーワルで生まれた。三人兄弟の次男で、兄弟全員が世親（ヴァスバンドゥ）という名前であるが、兄は無著、弟は比隣持跋婆という別名で呼ばれるため、「世親」という名は次男のことを指す。

象、概念）を識知・識別する。そしてこの六識とその基にあるとされる末那識とが「現勢的な識」であり、私たちが意識の分野としているもので、さらにその根底に阿頼耶識が無意識としてある、としている。大事なのは意識界の六識が末那識、阿頼耶識と密接に連結し、阿頼耶識から生じたものである、としていることである。

善因善果・悪因悪果

対象世界の印象を阿頼耶識に与えて種子を形成し、その種子が対象社会へ諸法を出現させる、というもので、阿頼耶識から末那識および六識へと生ずる流れ（種子生現行）と同時に、六識、末那識の活動の余習が阿頼耶識に還元されるという方向（現行薫種子）も考えられている。それがアーラヤ（蔵）という意味であり、全体が相互に循環していることになる。これは禅定の体験を前提としている

唯識

唯識は、瑜伽行（瞑想）の実践を通した長い思索と論究によると考えられる。世親は「唯識三十頌」「唯識二十論」等を著した。「唯識二十論」では「世界は個人の表象、認識にすぎない」と強く主張する一方、言い表すことのできない実体があるとした。「唯識三十頌」では八識説を唱え、部分的に深層心理学的傾向や生物学的傾向を示した。中国からインドに渡った玄奘三蔵は、帰朝後、『唯識三十頌』を基に『成唯識論』を書き、玄奘の弟子の慈恩大師基によって法相宗が立てられ、論理学的な唯識の研究が始まった。その後、法相宗は日本に伝えられ、現在は法相宗の大本山として興福寺と薬師寺がある。

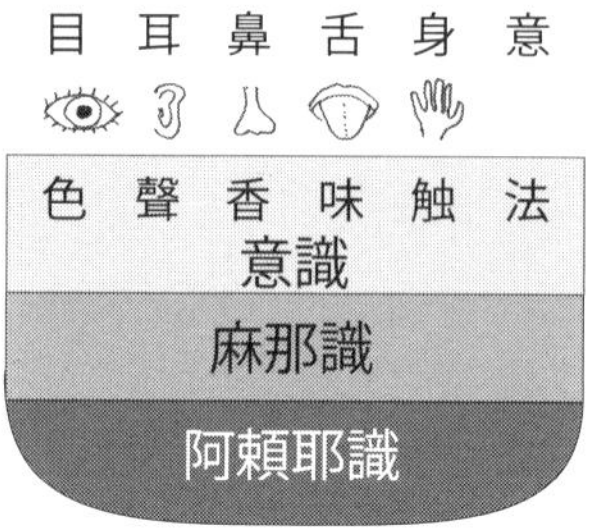

ように思える。頭でいくら理解しても行によって体得せねば自分のものになったとはいえない。

識を含むどのような行為（業）も一刹那だけ存在して、過去に過ぎて行く。その際に、阿頼耶識に余習を残す。それが種子として阿頼耶識のなかに蓄積され、それが成熟して、「識の転変」を経て、再び諸識が生じ、再び行為が起ってくる。根源的識知は激流のごとく活動しているといわれる。

煩悩

末那識は、阿頼耶識にもとづいて活動し、阿頼耶識を対象として、思考作用を行うことが本質とされる。末那識には、我見（個人我についての妄信）、我痴（個人我についての迷い）、我慢（個人我についての慢心）、我愛（個人我への愛着）と呼ばれる四個の煩悩をつねに伴っている。随伴するものは、当人が生まれているその同じ世界や地位に属するものであるが、さらにその他に感触なども含まれる。

この末那識は自我意識と呼んでもよい。つねに煩悩が伴っているので「汚れた意（マナス）」から来ている。この末那識と意識によって、思量があり、その意業の残滓はやはり種子として阿頼耶識に薫習される、とされるのである。

なかなか捨てることのできない煩悩をこのような本質的なものとして洞察したインドの智恵に感服する。[37] 私は出生後の成長に応じ、幼少期、思春期、成人期、熟年期とわけたが、それぞれ成長欲求、生殖欲求、独立欲求、向上欲求が強く起こり、それぞれの段階でどのような選択をして生きていくか、ということが阿頼耶識にたまる善悪の種子となり、その後の運命に関わってくると考えた。インドでは学生期、家住期、林住期、遊行期に人生をわけて考えている。仏教では絶対的存在、完成された存在として円成実性《えんじょうじっしょう》を目指すのがよい、とされる。これは私の考えるスピリチュアルな生き方、悟性の生き方といえる。

27. Berthoud HR.「食行動の原動力：腸脳コミュニケーション」『医と食』 2010；2（1）：18-22.
28. ピーター・タラック　落合和徳／大浦訓章監修　三角和代訳 『生命誕生～受胎から出産、子宮への旅～』 ランダムハウス講談社　東京　2008
29. フロイド・E・ブルーム　中村克樹／久保田競監訳 『新・脳の探検（上・下）』 講談社　東京　2004
30. 林成之 『思考の解体新書』 産経新聞出版　東京　2006
31. 福土審 『内臓感覚　脳と腸の不思議な関係』 日本放送出版協会　東京　2007
32. 西成克成 『内臓が生み出す心』 日本放送出版協会　東京　2002
33. 春日佑芳 『道元とヴィトゲンシュタイン』 ぺりかん社　東京　1989
34. ヴィクトール・エミール・フランクル　山田邦男監訳 『人間とは何か　実存的精神療法』春秋社　東京　2011
35. 竹村牧男 『哲学としての仏教』 講談社　東京　1988
36. 岡野守也 『唯識と論理療法　仏教と心理療法・その統合と実践』 佼成出版社　東京　2004
37. 中村元 『龍樹』 講談社　東京　2002

Ⅲ

日本人の心性

1　縄文人

人類は解剖学的には同じ構造をしていても国民性や心情はずいぶん異なる。それは人間が環境の中で自然と相互作用をしながら生きてきたからだ。日本に大陸から象などを追って、陸地伝いに人類がたどり着いたのは3万年ほど前と思われている。[11]　1万5000年ほど前の縄文遺跡から世界最古の壺が出土したが、ドングリなどを煮て灰汁をとったと思われている。縄文時代の遺跡は全国の高速道路の建設などにより発掘の機会が増え、新発見が相次いだ。なかでも縄文時代の三内丸山遺跡は大集落として古代の生活を再評価するきっかけとなった。縄文海進のおきた6000年ほど前の青森はブナも茂る温暖な気候で三内丸山では1000人を超す集落が1000年も続いたのである。栗やどんぐりも栽培されていた。私も三内丸山遺跡を訪れたが、ごみ捨て場のようなところに体長1m

はあったと思われる鯛の背骨や鯨の骨まであるのに驚いた。食材の種類の豊富さは現代人の想像以上である。

縄文時代の人口は最盛期が27万人くらいと見積もられている。縄文時代に一番気温が高くなったのは6000年ほど前で海水面はいまより数mほどあがり、関東地方では宇都宮あたりまで海となった。貝塚の分布をみると当時の海岸線がわかる。[38] 弥生時代にむけて寒冷化がおき、食料の減少が人口減につながり紀元前2000年頃には人口が11万人くらいにまで減った。そこに大陸から弥生人となる集団が移住してきたのでほとんど争いはおきず、比較的平和な棲み分けができたのかも知れない。

縄文人は日本全体に広がっていたが、7000年前に鹿児島湾の鬼界カルデラが巨大噴火し、それによる火山灰と気候変動によって南九州の縄文人は全滅したと思われている。そこに移住してきたのが中国の五胡十六国時代、三国時代の戦乱をのがれてきた移民、難民であろう。長江河口あたりから船にのれば黒潮にのって朝鮮半島南部から九州あたりに漂着することができる。

弥生から古墳時代初期にかけての遺跡は里山と海岸の境のような所に多い。大陸から来るときに山が目印になったこと、傾斜地は灌漑がやりやすいこと、竪穴住居が湿気ずに快適なこと、などから居住地として選ばれたのであろう。鳥取から島根に散在する遺跡はそのような条件を満たしていて、古墳も大和の前方後円墳とは異なる方形墳である。これは出雲文化の独立性を示唆している。

古代人の生活圏は今の国境をもとにして考えるのは間違いかもしれない。想像以上に船による往来があったとすれば馬韓と九州北部の倭、辰韓、渤海国と山陰、越のあたり、南九州と長江河口あたりまでは同一の文化圏だった可能性もある[38]。南九州から渡来人系の海洋民族が東征し大和王朝をつくり、古墳時代に入った。それ以後は有史時代に入る。

梅原猛
1925〜　青年期に西田幾多郎・田辺元の哲学に強く惹かれて、京都帝国大学文学部哲学科に入学。入学直後、徴兵され、数か月の兵役を体験。実存の論理を超えるために自分の心の暗さを分析して『闇のパトス』を書き、ニヒリズムを超えて人生を肯定する「笑い」の哲学を目指した。古代史に関する歴史書の他、能や歌舞伎の作品もある。西洋哲学をはなれ、釈迦からインド仏教・中国仏教を経て鎌倉新仏教までを述べる長編の仏教史『仏教の思想』を著した。

2 日本文化の成立

梅原猛は日本文明の特徴として森の文化を挙げている。『人類哲学序説』では縄文時代以来、数々の文明が流入してきたが、すべてを消化し、取捨選択して和合させてきた日本の懐の深さが、これからの世界を救う思想となる、と述べている。[39] 確かに仏教もキリスト教も儒教も取り入れて日本文化に融合させてしまう作用は、単なる外来文化の移入ではなく、統合知の創出とみなした方がよい。

廣池九一郎のモラロジーも忘れる訳にいかない。[40] 千九郎は古事類苑（明治から大正にかけて編纂された我が国最大の百科事典、全部で一千巻（洋装本で五一冊）の作成にあたり四分の一を担当した。その一方で東洋法制史の研究も行った。彼はソクラテス、イエス・キリスト、釈迦、孔子、天照大神の足跡と教訓について考察し、品性完成の科学としてモラロジーを唱えたのである。社会の改善も世

廣池千九郎
1866~1938 『古事類苑』の編纂で、「東洋法制史」を研究し、独学で法学博士号を取得する。また道徳の科学的研究を深め、『道徳科学の論文』を著し、「モラロジー（道徳科学）」を教育する麗澤大学を作った。長年の持病を温泉療法で耐えた。

和辻哲郎
1889~1960 ハイデッガーの『存在と時間』に示唆を受け、『風土』によって日本的な思想と西洋哲学の融合を目指した。哲学、倫理学、文化史、日本思想史を修め、その体系は、和辻倫理学と呼ばれる。

界平和の実現も、結局は個人の品性の向上、つまり最高道徳の実行によって可能になると考えたのである。

明治以来の経済が経世済民を理想に西洋の資本主義と異なった理念をもっていた理由として江戸以来の儒教、仏教、神道などの融合した文化があった。これが高い精神性をもたらした。

和辻哲郎はデカルト以来、実存主義として発展してきた西洋の利己的な個人主義を批判した。彼の倫理学では人間は独立した存在ではなく関係的存在であると説かれる。個人的・社会的存在は自身が個人であることと社会の成員であることの両方を自覚すべきだと彼は主張した。[41]

明治維新の後、日本の政府は神道を保護したが、国家神道として扱ったために偏狭な国粋主義に迷い込んだ。国家神道は明らかに民間の大本教や天理教のような民間神道の教派とは区別される。和辻は『風土』で自然環境と地域的生活様式の関係を研究した。

大和の大神神社《おおみわじんじゃ》は、円錐形の秀麗な山、三輪山を御神体とする。熊野にも巨岩が御神体として祭られたところは多い。豊かな自然があればこそ、感謝の念を持って祈ることができる。シナイ半島のように荒々しい自然の元では祈りの中身も違ってくるのが自然だ。求心力を強めるために神と予言者をつなぐ唯一絶対神が生まれやすい背景といえよう。

人間のこころの形成に及ぼす自然の影響は大きい。狩猟民族と農耕民族の気性の違いはよくいわれる。肉を多く食べる牧畜民族が猛々しくなるのはテストステロンなどのホルモンレベルの影響という研究もある。四季折々に緑や紅葉で覆われた山々、清らかな渓流、透き通った海と白浜、このような自然の中で日本人の心性は育まれてきた。

3 インドのアーユルヴェーダ

日本人の心性をインド・中国と比較してみたい。この二カ国は長い歴史を通じて仏教、儒教、道教の影響を日本人に及ぼしたと考えられるからである。私は国際癌研究機関IARCのフェローシップ選考委員をしていた6年間、毎年中国、東南アジアを廻り、インドに行っていた。カルカトとムンバイを拠点に優秀な研究者を選び、世界のどこでも自分の行きたいがん研究施設で研究できるように希望を聴き、計画も含めて面接試験をするのである。インドは日本人から見るとずいぶん異質な社会であり、なにもかも渾然とした印象を与えられるが、何か生の根源的力を感じる。雨季と乾季のすさまじい自然の中にくったくなく遊ぶ子どもたちと、スラムの中で呆けたように座り込む子ども、小奇麗な制服を着て隊列を組んで登下校する子どもたち、そこにはありとあらゆる矛盾を包み込む生活がある。このようなインド人を支えているのは輪廻の思想だろうか。

インドのバラモンの思想は古文書からうかがうことができる。アートマンというゆるぎない自己を目標に、生まれ変わりの輪廻を信じる思想がある。これはジャイナ教などに典型的に表れている。私はかって仏蹟の旅をしてバナラーシュ（ベナレス）を訪れたことがあるが、死体を燃やし、遺灰を流すガンジス河も、そこで水浴する人も渾然と一体化した風景は印象的だった。[42]

インド先住民はアフリカから拡散した黒人系のドラビダ族と思われるが、紀元前1500年頃にイラン高原のほうからアーリア民族の移動がはじまり、前10世紀頃にはガンジス河流域に広がった。その頃、神々への「リグ・ヴェーダ」が成立し、その中では雷（インドラ）、火（アグニ）、風（ヴァーユ）、などを自然神とした賛歌が多い。

輪廻転生

その後前6世紀の頃にはウパニシャッド群が編纂され始める。そこではインドの中心的思想である輪廻転生が打ち出され、宇宙の根

釈迦（ゴータマ・シッダルーダ）

紀元前500年頃に生まれ、80歳で入滅。インド大陸の北方のコーサラ国の小国の出身。皇子でありながら「生老病死」の悩みを解くために出家し、修行の末、仏教教団を建てた。西欧では仏教哲学といわれる。

本原理としての梵（ブラフマン）と自己としての我（アートマン）が同じものであることを確認することによって、輪廻を断ち切り、解脱することができるとされた。これは先住民の思想が取り入れられた結果と言われる。これはバラモンの祭式至上主義からの大転換であった。

ゴータマ・シッダルーダ（仏陀）の説く仏教や、マハーヴィーラによるジャイナ教はそのような思想的変化を背景に精神的に深化させて結実した。瞑想を重んじるヨーガもこの中で完成された。インドの伝統的アーユルヴェーダは体質に重きを置き、ヴァータ（風・空）、ピッタ（火・水）、カヴァ（水・地）が基本となる[43]。伝統的ヨーガは人間の構造を食物鞘、生気鞘、意思鞘、理智鞘、歓喜鞘の五つの鞘で紹介している。これらを意識化することで心身相関疾患や精神疾患の改善に効果をもつとされる。アーユルは生命、ヴェーダは科学の意味である。

食物（肉体）が生気（呼吸、心と体をつなぐ）となり、意思（感

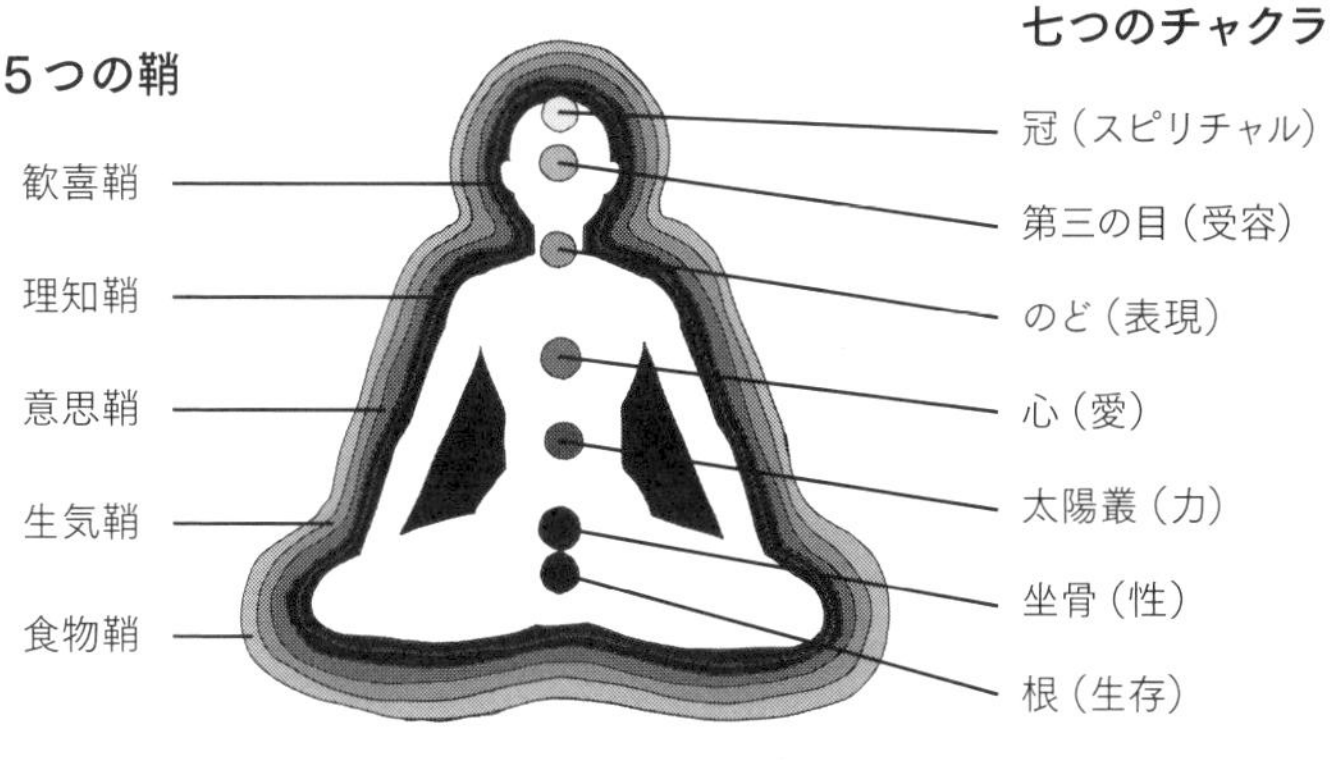

覚器官）、理智（物事に対する判断、感情）に影響をおよぼして、歓喜鞘（記憶）に至るという考え方である。

人間は個人により3要素の強さに違いがあり、性格や体質の違いとして現われ、それに合わせた食生活、病気の治療法が考えられている。ドーシャ（生命エネルギー）は1日の中でもカヴァ、ピッタ、ヴァータの順で変化のサイクルがあり、1年のなかでもサイクルがあり、人の一生の中でも変化する。また、食べ物や行動などでも変化する。老廃物や毒物の排泄が重要視されるのはインド医学の特徴といえる。

アーユルヴェーダの治療は基本的には解毒の思想が中心となる。ダイオキシンやPCBなど多くの毒性物質が脂溶性であることを考えると、このような化学物質の排出に油を用いる解毒法には妥当性がある。また、食事内容を重視し、体質を改善して自然治癒力を最大にして健康な生活をめざす点は東洋医学に共通する。

4 中国の陰陽と五行

中国文明は古代から日本や韓国に大きな影響を与えてきた。中国の自然観は陰・陽と木・火・土・金・水の五行から成り立っている。体を構成する五臓六腑もそれに対応させて考えられた。東洋医学の真髄は薬や手術などに頼らずに、自分自身の〝自然治癒力〟を向上させることで未病を治すことにある。[44]

中医学における「先天の精気」は生まれた時に天から与えられる精気であり、生命の根源エネルギーである。食事による「地の気」と呼吸から取り入れられる「天の気」によって「後天の精気」「真気」が増減し、腎の名門を介して先天の精気とつながる、とされる。これは生理学的には外呼吸、内呼吸と説明できる。

健康のためには体内の「気・血・水」のながれをよくすることが重視される。気は宇宙のエネルギーに繋がるものでもある。「気」

の解釈として「自然界や人体に満ちていて、形がなく、働きのみがあるもの」と定義される。気を体感する人は多く、存在は確かであるが、重力やブラックエネルギーのようにまだ測定できない。血は「脈管内を気とともに流れる赤い液体」、水とは「体内に存在する無色の液体」であり、これらの要素が不足したり、停滞したり、有り余るために身体の不調が生じると考えられている。これは血流とリンパ液に対応する。

この考えは古代ギリシャのアリストテレスが説いた四体液説と似ている。ギリシャでは体液は自然界の火、空気、水、土の四大物質と人の体質の影響下で、各種の栄養物質を原料として、肝臓の機能によって胆液質、血液質、粘液質、黒胆質の四体液が作られるとされた。それらが人体の全体の生命が活動するなかで、一定の平衡状態を維持して体の機能を維持する。四種の体液の平衡状態がくずれると病理的状態になると考えられた。

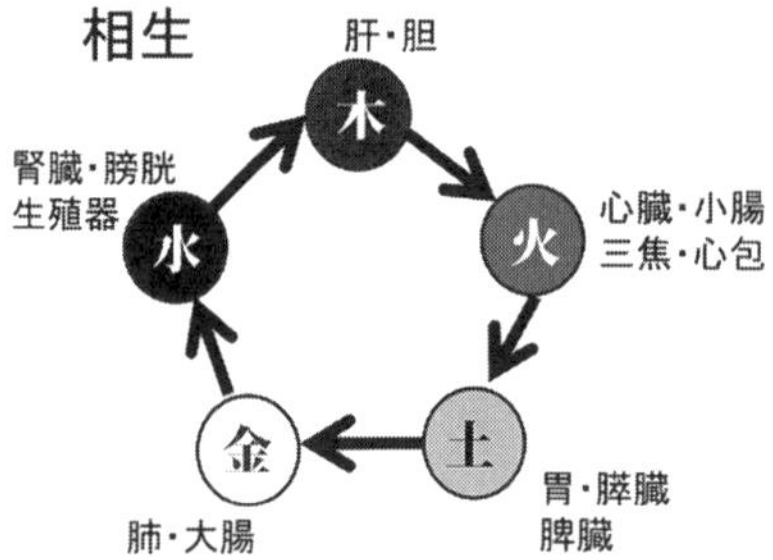

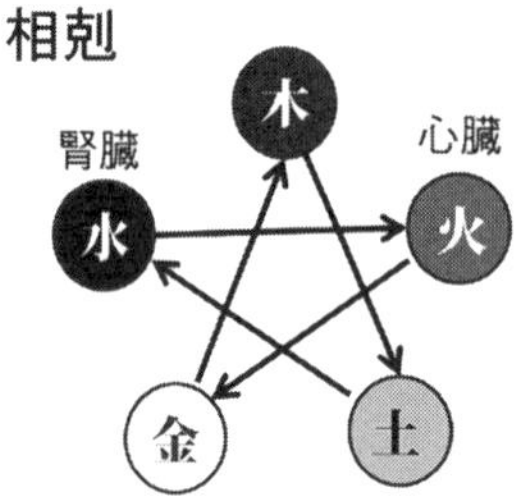

五行説と鍼灸

中国ではあらゆる現象、自然を陰陽でとらえ、また自然の中から木、火、土、金、水の5つの要素を選び、すべての現象をこの5つに振り分けて考えた。五行説という。これらの間には相生と相剋の関係がある。相生は助け合う関係、相剋は相反する関係である。例えば火は燃えて土になるが、水は火を消す関係である。

人体の構成要素として五臓六腑が考えられた。五臓とは肝、心(心包絡)、脾、肺、腎。六腑とは胆、小腸、三焦《さんしょう》(リンパ管)、胃、大腸、膀胱。また奇恒の腑として胆、脳、髄、骨、脈、好胞(子宮)が挙げられ、それぞれが有機的に結合し関係していると解釈した。五臓はその司る組織を通じて相互に援助する関係にあり相生という。

東洋医学に独特な鍼灸は、病状を陰陽・虚実・表裏・寒熱の4つの要素で説明し、さらにそれぞれに陰陽を置くので八綱弁証という。八綱弁証では、生気が衰えた虚証には、弱い刺激で補い、邪気が盛んな実証には、強い刺激で瀉《さ》す補瀉《ほさ》の原則がある。経絡は、身体を縦に流れる経脈と、それを横につなぐ絡脈からなる。西洋医学的には神経の走行からくる放散痛によって説明がつくが、熟練した鍼灸師は気の流れを読み取ってつぼに鍼を打つ。

中国は共産党政権になってから宗教を否定していたが、最近は観光資源として認めて、寺院や廟の復旧をはかっている。長年の儒教思想は「天」をつよく意識させるものであり、孔子や関羽の廟の参詣人は絶えない。また道教も日常生活のなかに入っていて台北の行天宮の外には四柱推命による易の出店が連なっている。台湾人は今も気のながれを日々の生活に取り込んで生きている人たちが多い。

5 世界観

人が生きていくのに自分のいる場所はどのようなところなのか、ということを科学的に裏付けられた世界観を基にして生気論的立場から考えてみることは、こころを広げ正しい判断をするのに役立つ[45]。

歴史的にみると世界のさまざまな文明で世界の構造が考えられた。宇宙創成の神話もこのようなところから生まれてきた。特にアラビア、エジプトや中国のように大気中の水蒸気が少なく、星が鮮明に見え、その動きも観察できたところでは天文学が生まれ、暦の制作につながった。また、ホロスコープ占星術や四柱推命も、生まれた時の黄道十二宮上の五つの惑星と太陽、月の位置によって個人の運勢を占っている。これは中世末期に占星医学として流行した。

西洋のルネッサンス期にダンテは神曲に天動説の集大成とも思われる宇宙に天国と地獄をあしらった「宇宙図」を載せたが、それは

ダンテ・アリギエーリ
1265〜1321　フィレンツェ出身。修道院、ボローニャ大学で哲学や法律学、修辞学、天文学などを修めた。政争に敗れて追放され、『饗宴』、『俗語論』、『帝政論』などを著した。『神曲』の完成直後、外交使節としていくヴェネツィアへの途上でマラリアに罹患し死亡。

ニコラウス・コペルニクス
1473〜1543　ポーランド出身。自己の地動説の発表による影響を恐れたコペルニクスは、主著『天体の回転について』の発行を1543年に死期を迎えるまで許さなかった。司教座聖堂参事会員であり、知事、長官、法学者、占星術師、医者でもあった。

ジョルダーノ・ブルーノ

1548〜1600　ドミニコ会の修道士で宇宙が無限であると主張して、コペルニクスの地動説を擁護し、神と万物は同一であるという汎神論を唱え、教会から異端視されて火刑に処せられた。彼の轍を踏まないようにガリレオは自説を撤回したと言われる。

テイコ・ブラーエ

1546〜1601　コペンハーゲン近くの小島に観測所を設け、2mを超える観測機器を用いて精度の高い天文観測を行った。惑星が太陽を中心とした回転運動を行い、太陽はそれらの惑星と連れて地球の周りを回転するという説をだした。

地球、月を含む第一天、第二天（水星天）、第三天（金星天）、第四天（太陽天）、第五天（火星天）、第六天（木星天）、第七天（土星天）、第八天（恒星天）、第九天（原動天）、第十天（エムピレオ天堂）とするもので、地球の下方に描かれる北半球は地獄でイエルサレムがあり、上方に描かれる南半球には浄罪山がある構図である。ダンテとベアトリーチェは地底にある煉獄と地獄から天上に聳える天国へと昇華していく。日本も中世に末世思想が広まった時には地獄、極楽が受け入れられていた。

天道説から地動説へ

ルネッサンスが終期を迎えた16世紀にコペルニクスが現れ、17世紀に科学革命が進行した。天動説から地動説への転換はブルーノ、テイコ、ニュートン、ガリレオやケプラーらの命を賭した活躍が必要であった。それでも宇宙の姿は永久不変であるという定常宇宙論

アイザック・ニュートン
1642〜1727　ニュートンは小地主の子として生まれ、ケンブリッジ大学に入りアリストテレスの自然学に接した。ガレリオやデカルトの影響を受け、運動量の保存や慣性の法則を明確にし、衝突と円運動の説明をし、星の運行から引力を発見し、『プリンキピア』に発表。宇宙の創世者として神を認めた。

ヨハネス・ケプラー
1571〜1630　ティコの火星の観測結果を分析して、地球、太陽、火星の軌道をきめた。『宇宙の神秘』で惑星天球の大きさや周期に対して、正多面体が内接するような配置を考えた。地動説はケプラーの段階で一応完成したといえる。

が有力であった。
いまは地球は丸く、太陽の周りをまわっていることを信じない人はいない。人工衛星からは地球の実像をみることができる。そればかりか、惑星の出来方や時空を超えた宇宙の成り立ちについても科学的知識として知ることができる。また、素粒子論が深められるのに従って、極小の素粒子の世界と、無限とも思える広さを持つ宇宙とが一元的に語られるようになったのである。[46]

6 無双原理

無双原理は桜沢如一が当時の科学的知識を統合知でもって纏めた世界観といえる。[47]彼は「易」を科学的に解釈し、科学の明らかにしてきたエネルギーや素粒子と生物、宇宙をつなげる世界観を提言した。桜沢を継いだ久司道夫の宇宙エネルギーに生きるという生き方も同じような世界観、宇宙観に基づいている。[48]「易」は、５０００

桜沢如一

1893〜1966　腸結核を石塚左玄の食養生で治したことから食養家として世界で活躍。フランスに日本文化を紹介し、生涯、世界平和運動にも活躍した。

年〜6000年前の中国で、伝説の皇帝、伏義が、天の運行を見ながら、この世の動きを「易」として纏めたといわれる。

現在の天文学では、私たちの宇宙はビッグバン以来138億年に渡って拡散し続けているとされる。易経では最初に存在したのは無限時間、無限空間であり、無限界の中を無限にエネルギーが飛んでいて、勢いが弱くなるとしずくのように先が曲がってくる。そうすると回転が始まる。回転は求心力となるが、中心まで来ると反転して遠心力になる。「易」では、この渦の遠心方向を「陰」、求心方向を「陽」と呼ぶ。無極の中に、遠心と求心の陰と陽の両極が生じ、それが、それぞれ二つずつに分かれて、四つになり、更に分かれて八卦ができる、とする。その八つの卦がそれぞれ組み合わさって六十四卦ができ、あらゆる世の中の現象は、この六十四卦のどれかに入る、という思想が「易」である。それが四柱推命などの卦に活かされる。

陰陽と四つの力

桜沢如一がこの易を、現代科学用語に変えて説明したのが無双原理であり、「易」を科学的に解釈した世界観といえる。最初に無限界があって、そこへ陰陽の極が生じた。その次に、この陰陽が結ばれてくるが、宇宙の展開のなかに、十二の変化の法則を見出した。『魔法のメガネ』という子ども向きの本を出して、陰陽の考え方の普及を図った。[49] それは一種の相対化の教えであり、物事に捉われず柔軟に考えることとして述べている。陰陽に抵抗を感じる人でもプラスマイナスと聞けば全く違和感がないであろう。そのように考えてもよい。私は重力密度と考えると低いのが陰、高いのが陽で相対的に分かりやすい、と思う。

一　宇宙は陰陽の秩序を持って展開する。

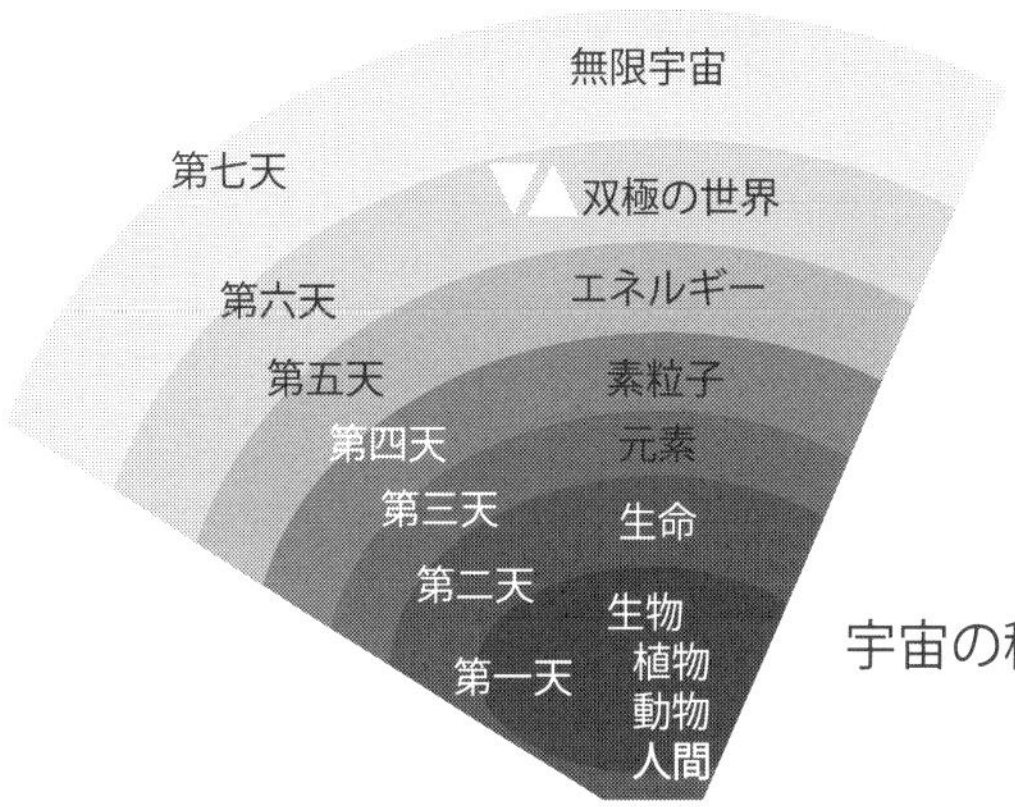

宇宙の秩序

二　陰陽秩序は無限に、不断に至る所に生起し、相関交渉盛衰す。

三　求心、圧縮、下降の性を有するものを陽といい、遠心、拡散、上昇の性を有するものを陰という。(故に、活動や熱は、陽から、静けさや冷たさは陰から生まれる。)

四　陽は陰を、陰は陽を相牽引す。

五　森羅万象は、あらゆる比例において陰陽両性を荷帯せる宇宙の本体の電子的微分子の複雑なる高次元の集合なり。

六　森羅万象は、単に種々なる程度の動的均衡を示す陰陽の集合なり。

七　絶対純粋なる陰または、陽なる事物は存在せず、総じて相対性なり。

八　一物といえども中性なるものなし。

九　森羅万象の相互の引力は、その対者間の陰陽差に比例する。

十　道目の性は相排斥す。

十一　陰極まりて陽生じ、陽極まりて陰生ず。

十二　万物その内奥に陽を付帯し、外側に陰を付帯す。

（桜沢如一著『宇宙の秩序』日本ＣＩ協会刊より）

私は無双原理がなぜ螺旋モデルになるのか不思議に思っていた。球体の粒状物質はコマのように回転している時が安定であり、銀河系中心の若く青い星は円運動をなし円盤状に分布している。そのため銀河には回転が生まれ、この渦状腕は螺旋状に拡がる。桜沢如一の無双原理では宇宙観として第七天までおいている。

物質間に働く力は四つあり、強い力、弱い力、電磁力、重力とされる。前三者は量子論で記述できるようになったが、重力はまだ記述できていない。空間の次元を10次元くらいに拡張し、素粒子を点粒子ではなく8の字型のゴムひものような粒子と考えると好いという説が出されている。[46] また、重力は3次元空間の射影だ、とする研究もあり、量子重力理論が完成すれば宇宙の誕生劇がもっと鮮明になり、ダークエネルギーやダークマター——にも近づけるかもしれない。易の世界観を近代物理学・天文学をあわせた統合知で対応がつけられるようになってきた。

7 宇宙の出来方と生気論

一般に宇宙の誕生は「真空のゆらぎが自己組織化によって現実に転化した」と語られる。時間も空間も物質もない無の状態とはどのようなものか。いかなる状態においても超ミクロな「量子ゆらぎ」がある。これは物質と反物質のペアが生まれたり消えたりする量子論特有の状態である。つまり「真空」の状態であっても、ある有限の時間間隔に有限の波長の物質と反物質の波が生まれ、そして消えるというプロセスが繰り返されているのである。

池内了[45]は、真の「空」であっても物質と反物質という「色」を創り、そしてそれらは瞬時に「空」に戻っているのだから、「空即是色、色即是空」であるとし、そのような仮想的時空が「何らかのきっかけ」によって現実化し、この世に姿を現したのがビッグバンであり宇宙の創成であると説明している。龍樹[37]が唱えた仏教の空観と科学的発見に対応がつくのは不思議だ。

ビッグバン

宇宙は有限の過去に大爆発をして姿を現し、膨張を開始したと1948年に唱えたのがガモフであった。ガモフは大爆発後の物質の進化過程を追いかけ、元素がいかに合成されたか、銀河が形成される条件は何か、ということを明らかにした。今までの観測による証拠から宇宙初期の爆発から3分後には主としてヘリウムから成る原子核が生まれ、38万年頃には宇宙背景照射がのこされ、2億年頃

龍樹（ナーガールジュナ）
二世紀に生まれたインド仏教の僧。大乗仏教中観派の祖であり、『般若経』『中論』で「空」を、無自性に基礎を置いた「空」であると論じて釈迦の縁起を説明し、後の大乗系仏教全般に決定的影響を与えた。

ジョージ・ガモフ
1904～1968　レニングラード大学卒。放射性原子核のアルファ崩壊に量子論を応用し、「アルファ・ベータ・ガンマ理論」によりビッグバンを支持、宇宙背景放射の存在を予言した。『不思議の国のトムキンス』は難解な物理理論を解りやすく解説。

佐藤勝彦
1945〜　香川県生まれ。東京大学名誉教授。宇宙物理学者。1981年に発表したインフレーション宇宙論の提唱者として広く知られる。東京大学ビッグバン宇宙国際研究センター長、日本物理学会会長などを歴任。

に初代の銀河がうまれ、その後多くの銀河が誕生して現在に至った、というストーリーが受け入れられている。[45]

ガモフは宇宙膨張による温度や密度が下がる過程で、初期に発せられた残光が、現在は絶対温度数度の熱放射として宇宙から一様に降り注いでいることを予言したのであるが、これは1965年に宇宙背景照射として発見され、ビッグバンの宇宙創成の直接的証拠となった。

ビッグバン以前は何もない「無」の世界であるが、ビッグバンによって宇宙の時間が動き出したのでビッグバン以前は時間もなく、その成立は宇宙物理学にとって大きな課題であった。宇宙の一様性を説明するのに1981年佐藤勝彦がインフレーションという大膨張が最初にあったという説を出した。

最近、米チームが南極点に建設した電波望遠鏡BICEP2により原始重力波によって生じる宇宙背景放射の独特の渦巻きパターンをとらえ、インフレーション仮説が実証されつつある。日本もチリ

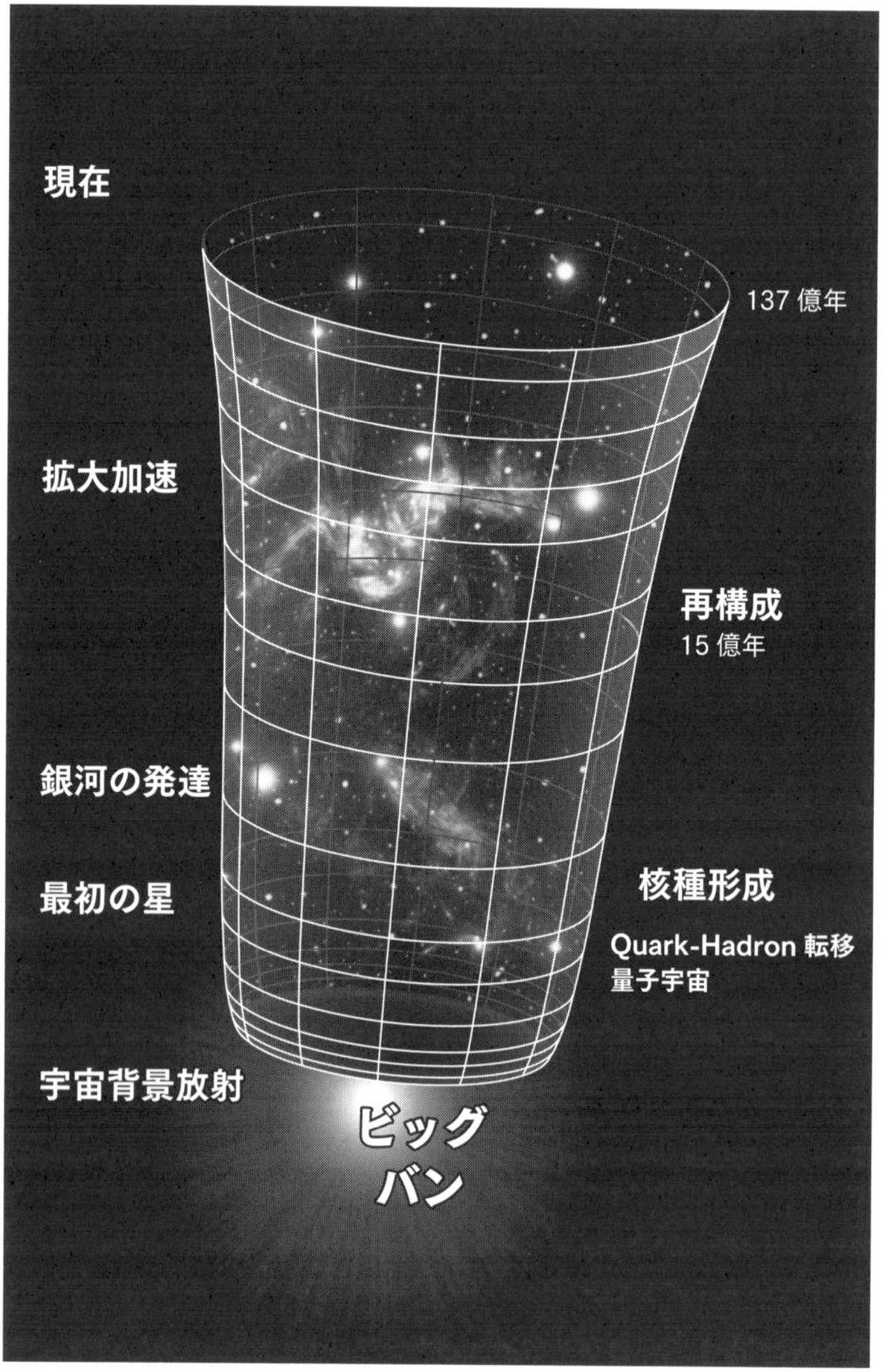

現在
137 億年
拡大加速
再構成
15 億年
銀河の発達
最初の星
核種形成
Quark-Hadron 転移
量子宇宙
宇宙背景放射
ビッグ
バン

のアタカマ高地に建設した電波望遠鏡ポーラーペアによって観測している。

宇宙はインフレーションという急膨張のために温度が過冷却化し、相転移によるエネルギー放出が宇宙を超高温に再加熱して現在に至ったのだから、この再加熱の時点こそビッグバンと呼ぶにふさわしいと考えられるようになった。

過冷却の現象は身近でも見られる。例えば水が凍る際にエネルギーを放出し1g当たり80キロカロリーのエネルギーを放出し（凝固熱）、逆に溶ける際には80キロカロリーを吸収する。ゆっくりと温度を下げていくと零度以下でも凍らず、過冷却の状態となる。この状態では本来放出されるエネルギーを抱え込んだ高エネルギー状態となっている。宇宙はビッグバン直後にこのような過冷却の状態にあり、相転移して安定な状態に戻るのになんと10の30乗も宇宙半径が増大したと考えられるようになった。一瞬の間に原子より小さいものが銀河の大きさになり、それがゆっくり膨張して宇宙になっ

ガリレオ・ガリレイ
1564～1642　イタリア、パドヴァ大学教授。自分で望遠鏡をつくり、天体観測をして月面の凹凸、星雲、木星の衛星、太陽の黒点、などを発見し『星界の報告』を書いた。天文学の父と称される。コペルニクス説の普及をはかり異端審問をうけた。

たというのである。

拡がる宇宙認識

ガリレオが天の川に多数の恒星を発見したことによって宇宙は無数の星が存在する世界へ広がり、1924年にウィルソン山天文台のハッブル望遠鏡によって多数の銀河系外星雲が発見され、宇宙は無数の銀河系宇宙のあることがわかった。さらにこのような宇宙が無数にある超宇宙の概念に到達したのである。この説明によって宇宙が指数関数的に膨張したという可能性が発見され、宇宙が無数に誕生しうるという仮説に根拠を与えた。

私たちが見上げる天の川は太陽系が銀河系の端の方にあるため、銀河系円盤の中心を見ると1000億個の星が川のように見えるのだ。銀河系円盤の直径は10万光年にもなるが、アンドロメダ星雲との距離は280万光年もあるので、地球の属するような島宇宙がい

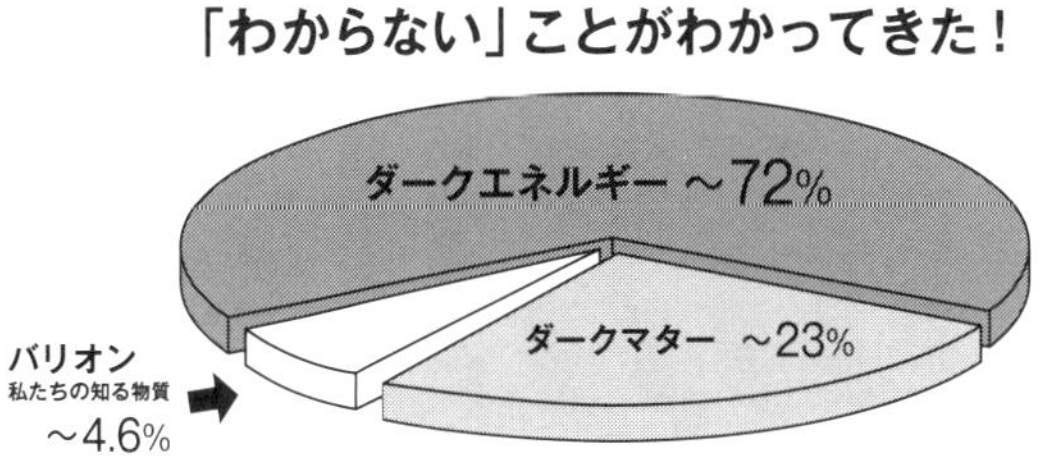

くつもあることは否定しようがない。

スバル望遠鏡によって宇宙の果てに近い１３０億光年先まで観測できるようになり、ミリ波領域の宇宙背景放射の詳細な研究ができるようになった。ハッブル望遠鏡は紫外線部の宇宙像を写せるようになって、２００８年の国際会議で宇宙の年齢が１３８億年、空間は平坦でダークエネルギーが72％、ダークマター24％、バリオン4％という宇宙モデルが合意されたのである。ずいぶん宇宙のことは解明できたようであっても96％の部分はまだ未知の世界なのである。しかし、わからないことの大きさがわかるようになったことはすばらしい成果だ。

バリオンとは、３つのクォークから構成される亜原子粒子のファミリーで、最も有名なバリオンは陽子と中性子であって、これらが宇宙の目に見える物質の質量のほとんどを構成している。また星雲までの距離を正確に測れるようになり、私たちの銀河宇宙を含め秒速数１００キロから１０００キロを超すスピードで移動していることがわかり、宇宙の膨張が確認されたのである。

時空の進化

私は時空を大きくわけるなら、感覚的に納得できる、ビッグバンによる宇宙誕生、地球誕生、生物誕生、人間誕生の四段階の誕生が現実的で許容しやすいと思ってきた。この四期にわけるとすっきりとすると考えている。無双原理のようにエネルギー、光、原子、分子生成の時期により、より細かくわけてもよいが、それらの変化は物理学的な変化であり、人間の知覚の外の出来事である。科学知識としては理解できても感覚的にはピンとこない。人間の悟性、統合知のレベルから考えると、レベルの変化はとりあえずこの四段階くらいでよいと思う。

私たち人間の特性である精神界を一つの層にできるのかどうか、という点については論議があろう。しかし、弁証法的に考えると、他のいかなる動物ももっていない人間の精神の価値、働きを無視するわけにはいかない。ビッグバン以前から人間が生まれて精神界をつくるまでを分析的に考え、精神が宇宙の仕組みを解明して超宇宙からビッグバン以前の無明の段階まで統合的に組み立てられるのを統合科学と考えると、世界観を持つうえでこの両方を考えねばならない。これによって、陰陽が合わさった「大極」の段階に達するといえる。

ビッグバン以前は一つの銀河系の終焉があり、それからの宇宙再生が今の宇宙になっていると考えるのが妥当であろう。地球の寿命もあと80億年程度とする見積もりがあり、永遠のものではない。

8 ガイア

宇宙探検の特筆すべき成果は宇宙から私たちの住むこの美しい瑠璃色の地球を惑星として実感できたことであろう。NASAで行われた火星の生命探査計画に参加し、生命探査をしていたJ・E・ラブロックは地球の大気や海の塩分濃度の安定していることは偶然ではなく地球の生命が自らのために創造し維持しているという仮説を立てた。[50] 大気、海、土壌などすべてが化学的平衡状態をとる火星と、生命豊かな地球を比較し、この地球上の微生物から植物、高等生命体にいたるまで、ありとあらゆる生命が、一丸となって、地球環境を保つために働いているといって、それを「ＧＡＩＡ」と名付けたのである。

実際、極めて狭い生存環境で私たちの「いのち」が生まれ、営まれている。温度、気圧、酸素濃度、食物の連鎖、重力など宇宙の条件から言えば奇跡のような時空に生を得ている。

これは宇宙の物理指数から出された「人間原理」とも共通する考えである。

酸素バランス、気温、湿度すらコントロールする巨大なサイバネティックス・システムが働いている生命圏（バイオスフィア）こそ

[50] **ジェームズ・ラブロック**
1919〜　イギリスの環境科学者。1961年初め、ラブロックはＮＡＳＡに採用され、地球以外の大気と惑星地表の分析のための精密機器を開発。火星探査計画で大気組成が化学平衡に近い安定した状態であることから地球を一種の超個体として見るガイア理論を提唱。

が、まさしく我々の「生命維持システム」の名にふさわしい。いわゆるGAIA仮説は地球および宇宙に対する世界観、宇宙観、生命観の一大転換を迫るものである。環境汚染や自然破壊、宗教的・民族的局地戦争に明け暮れ富の配分を巡って、経済戦争を押し進め、平和をかき乱す行為は、自然が進む道と人間が進む道が乖離してきていると考えていいだろう。

ガイアが宇宙生命のようなものであり、生気論の「気」に関係があるのか、考えねばならない。新たな地球生命圏の再生への道を歩むためには人間とは何かという根源的ヴィジョンをもつことが必要だ。いのちの海に一致して生けるものの可能性と限界、人間なるものの宇宙的存在の意味とさらなる進化の姿を見る必要がある。私たちが今しがみついている文明を唯一の価値、世界観として見るならば、そこには限界があり、現代文明の枠を越えて自己と世界をみることはできない。

人類が二酸化炭素の量をコントロールして、氷河期の来るのを回避したり、認知したことに基づいてフィードバック能力で対策を講じることで地球規模の危機を回避できるなら、人類は地球のホメオスタシスをより安定化させる為に生かされていると言える。ＧＡＩＡの自己組織化の中で能動的に役割を果たす時に人類の存在意義があると言える。

38. 松島義章 『貝が語る縄文海進 ―南関東、＋2℃の世界』 有隣堂 2006
39. 梅原猛 『人類哲学序論』 岩波書店 東京 2013
40. モラロジー研究会編 『伝記 廣澤千九郎』 モラロジー研究会 千葉 2009
41. 和辻哲郎 『風土―人間学的考察』 岩波書店 東京 1979
42. 渡邊昌 「インド仏蹟の旅の旅」『ライフサイエンス』 2004；30（2）：62-77.
43. 上馬場和夫／西川眞知子 『インドの生命科学 アーユルヴェーダ』 農山漁村文化協会 東京 1996
44. 李建章編集 『黄帝内経運気 古代中国の気象医学とバイオリズム』 ベースボールマガジン 東京 1997
45. 池内了 『宇宙論と神』 集英社 東京 2014
46. ブライアン・グリーン 林一／林大訳 『エレガントな宇宙』 草思社 東京 2001
47. 桜沢如一 『無双原理・易』 日本 CI 協会 東京 1936
48. 久司道夫 『マクロビオティック健康診断法』日貿出版社 東京 2005
49. 桜沢如一 『魔法のメガネ』 日本 CI 協会 東京 2004
50. ジェームズ・ラブロック 松井孝典監修 竹田悦子訳 『ガイア』 産調出版 東京 2003

IV

死生観

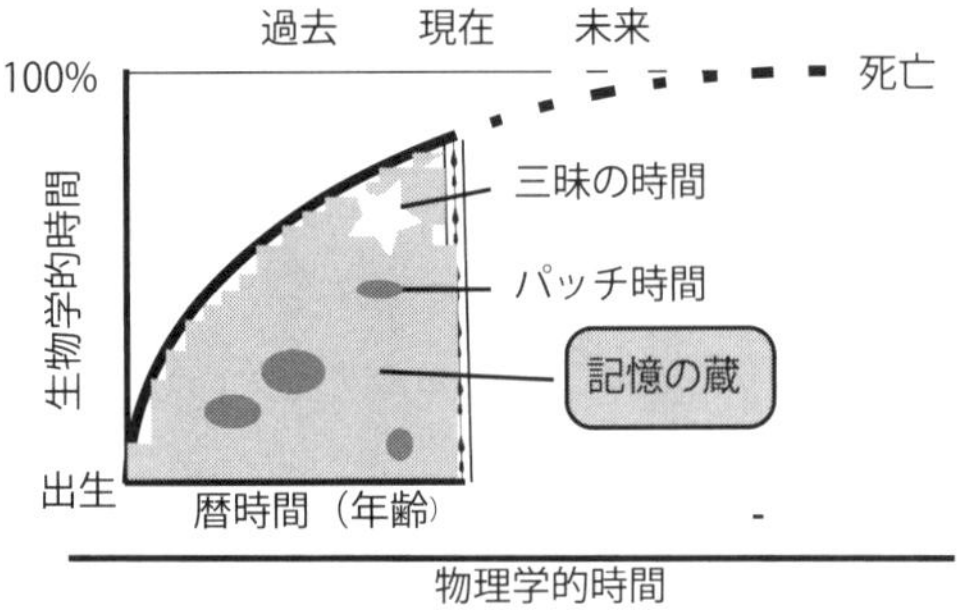

1 老化と寿命

現在の日本は65歳以上を高齢者、75歳以上を後期高齢者としている。現代人の65歳は江戸、明治の50歳くらいの人と同じくらいの体力をもつ、という説があり、実際労働年齢は上昇し続けている。

私は時間には4種類あると思ってきた。1つは暦通りに1年間365日、1日24時間で動いていく物理的時間、2つ目は一生を100%として今自分はそのどこかにいるという生物学的時間、3つ目はクラスターとして存在するとびとびのパッチ細工のような記憶時間、4つ目は時の過ぎるのを意識しない三昧の時間である。生体のサーカディアンリズムの研究が進み、物理的時間と生物学的時間との関係がわかってきた。私たちの生活と時間は複線的な関係にあるが、生体から見ると時間というのは多重構造をもつ波といえる。

2 暦時間

暦にしたがうサーカディアンリズム、概日リズムは進化の上で最も古い松果体細胞に起源をもつことがわかってきた。進化の初期に属するミミズですら、眼はないが皮膚に感光細胞があり、おそらくサーカディアンリズムがある。私たちの時間の感覚は生老病死のながれであり、1日、1週、1月、1年というような時のながれであるが、それが地球の自転や公転そのものとは感じない。長い進化の歴史を考えるとき、昼夜をつくる日周運動、四季をつくる年周運動、さらには2万5920年の周期をもつ歳差運動が生体になんらかの影響を与えてきた可能性を否定できない。

夜行性の動物の行動は有害な紫外線下でのDNA損傷を回避するために獲得した機能であると考えられているが、1年周期の歳差に関係した鳥の渡りやクマの冬眠など季節リズムもあり、ヒトでも冬期うつ病や季節にからむ病気がある。

ヒトの体内時計

ヒトでは時計中枢は視床下部の視交叉上核（ＳＣＮ）に存在する。ＳＮＣを破壊された動物では、規則正しい睡眠・覚醒リズムが完全になくなってしまう。ＳＣＮは光の情報を目の網膜にある網膜神経節細胞から受け取る。朝起きて目から太陽光が入ると、体内時計はその14〜16時間後に眠りに入るように準備をする。概日リズムは明暗サイクルに関係しているが、動物は完全な暗闇の中で長期間飼育されると、自由継続リズムに従って行動するようになり、このような状態にあっても動物の睡眠サイクルは存在するが、内在的な周期が24時間より短くなったり長くなったりする。明暗の認知以外でも体の大部分の細胞は独自の自由継続リズムを持っているようである。[51]

視交叉上核の細胞は、体内から取り出され外界からの刺激がない状態で培養されても、独自のリズムを何年間も刻み続けることができる。ＳＣＮ細胞内のリズムは全ての細胞内の末梢クロックと同調している。昼間高くて夜低下する体温リズム、起床前に高まるグルココルチコイドやアドレナリン、松果体から就寝時に分泌されるメラトニン、就寝後の成長ホルモンの分泌などこれらすべては末梢クロックの同調した結果とみなされる。一般に自律神経の交感神経は昼間に、副交感神経は夜間に働きが活発になるといったリズムもある。これは消化管の消化、吸収機能にも影響を与える。

肝臓の細胞は光ではなく摂食に応答して、細胞の代謝が時計遺伝子に影響をあたえている。時間栄養学を提唱する香川靖雄は食事による細胞内の酸化還元酵素ＮＡＤＨとエネルギー源となるＡＴＰ産生がＮＡＤ+とＡＤＰの増加をもたらし、エネルギー代謝に重要な役割を果たすことを指摘した。その過程で活性化したたんぱく質ＰＧＣ－１αは過酸化物の生成も抑え、染色体テロメアの短縮化を抑え、長寿達成にもはたらく。さらに膵臓のβ細胞のインスリン分泌にかかわる概日リズムが糖尿病発症に関係しているという可能性が示されている。[51]

3 人生時間

ハイデッカーの「存在と時間」は戦後の日本で持て囃された。彼は時間をさかのぼると出生時に、未来を見通すと死で終わる、という人の一生を軸に考えたといえる。ハイデッカーのダ・ザイン（その存在）は前述した意識と無意識が融合したような状態をいい、座禅の悟りの境地のようなものであろう。哲学者と生気論の関係は後述したい。

若い人と年取った人の時間に対する感覚は違う。物理的時間は川のながれのようにいつも同じ速度で流れているが、人はその堤を下っているようなもので、若い人は川の流れと同じスピードで歩けるが、年取った人はゆっくりとなり、その分、時間のながれを早く

マルティン・ハイデッカー
1889〜1976　南ドイツのカトリック教会の樽職人の家に生まれた。始め神学を学ぶが哲学へ転向。ヒットラーを称賛してナチになり大学総長になる。戦後ヤスパースに擁護される。『存在と時間』は一時日本で持て囃された。

感じるようになる。

パッチ時間

三つめのパッチ時間は記憶と関係する。例えば何十年も会わなかった中学の同級生に会ったとたんに中学生時代の時間に切り替わるようなものだ。ＰＴＳＤも何かの折に記憶の底に封じてあったことを想起して引き起こされる。夢も意識下のさまざまな記憶がおりまぜて意識に浮かび上がってくるのかもしれない。

三昧

三昧の時間はものごとに集中すると時を忘れるので誰にでもわかるだろう。

時の感覚を失うほど熱中して何かをやったことがあるだろうか。

座禅中の僧の脳波をとるとα波になっているというがこれは三昧の状態を言えるのであろうか。仕事に打ち込むときは永遠の今、という感覚になる。

しかし、そもそも「今」という時間は存在するのであろうか。私たちは見るもの、聞くもの、という五感で時間と空間を把握しているが、目に入ってくる光は物体の反射光である。光は1秒に30㎞進むが、1ナノ秒では30㎝しか進まない。つまり1m先の人は3ナノ秒過去の人を見ているし、10m先の人なら30ナノ秒過去の像ということになる。アインシュタインの相対性理論によると高さが1m高いだけで時間も1ナノ秒くらい遅くなる。つまり、「今」という時間も空間も感覚で認知できる範囲で意識している「今」であり、真の意味では意識できる範囲には同時同所というものは存在しないことになる。

後述する西田哲学の純粋経験はこの意識下の「今」を知覚したものといえる。仏教用語でいえば刹那のことである。

アルベルト・アインシュタイン

1879〜1955 ドイツ生まれのユダヤ人の理論物理学者。米国移籍後、原爆開発に協力。広島の原爆報道に衝撃を受け、戦後湯川秀樹らと世界政府樹立を提唱。特殊相対性理論および一般相対性理論、相対性宇宙論などにより現代物理学の父と呼ばれる。

4 老熟

生物学的な意味で老化は生物の発生上のプログラムとしては存在しない。機械論的な立場では時間の経過とともに細胞に損傷が蓄積し、自ら修復する能力が亡くなるためと考えられる。老化を護る機能はDNAの傷をいつも修復している。老化を進化の中において考えると、自然選択により生物の一生が調整され、繁殖により次世代が育つまでは老化せず、細胞の修復機能が維持されている。進化の過程で保存されているものにインスリン様成長因子があり、線虫、ショウジョウバエ、げっし類、ヒトで共通して寿命を調節していることがわかった。意外なことにこの経路の活性が増すと環境ストレスに対する抵抗性が減り、寿命が伸びない。

1965年レオナルド・ヘイフリックは正常な線維芽細胞を細胞培養すると約52回分裂できるが、高齢者の細胞はもっと少ないこと

レオナルド・ヘイフリック
1928～　ヒトの様々な臓器から得られた細胞を培養すると由来臓器に固有な分裂回数で増殖を停止することを発見。テロメアDNAを修復させるテロメラーゼの減少が原因とされヘイフリック限界といわれる。

を発見した。[52] これは染色体末端を核膜に繋ぎとめる繰り返し構造のテロメアが分裂ごとに短くなっていくことと関係している。老化を防がねばならない生殖細胞や皮膚、腸の細胞はテロメラーゼをもっていて染色体の長さを保っている。

末梢神経は軸索が切断されても切断面に新しい成長円錐ができ、もとの神経管にそって軸索を延長して機能をほぼ完全に回復させることができる。しかし、中枢神経系の脳神経細胞が破損すると再生できず、認知症や部位によりパーキンソン病などになる。しかし、精神やこころは老化しない。むしろ老熟するというのがふさわしい。歳を感じさせず驚くような活動をしている高齢者はいくらでもいる。青年のようなこころが大事なのだ。

平穏な死を迎える人と、苦しみながら死ぬ人と何故わかれるのであろうか。寿命を生ききった場合の自然死の原因は病理学的にも解明されていないが、心臓の細胞は分裂による再生がないので、おそらく心停止になると思われる。動物は生涯20億回の拍動しかできない、という説もある。[53] 心拍が５００のネズミでは2年程度、15回程度のゾウでは百年近い寿命を持つ。

5 いのち

生物進化の全過程を通じてつなげられてきた「いのち」はどのように考えればよいのであろうか。医学的には受精で新しいいのちが発生し、瞳孔反射がなくなり、呼吸が止まり、心拍が止まると「死」とされる。しかし細胞レベルでいえば、中胚葉の線維芽細胞などは更に1週間程は生きるのである。脳死が問題になったように死の定義は便宜的なものなのである。

人間の構成は、臓器、細胞、分子、素粒子とどんどん細かく分けられる。人間のサイズは1・5～2ｍくらいであるが、臓器は数㎝、細胞は数10ミクロン、分子はオングローム、素粒子になると10のマイナス30乗㎝ぐらいだ。ミクロの決死圏のように私たちの体がそれぞれの単位の次元にまで小さくなったら、自分の身体の大きさはどれくらいに見えるであろうか。臓器のレベルなら数10mに、細胞のレベルなら数10万mに、素粒子のレベルなら地球より大きいサイズに感じられる筈である。そのような中を宇宙線がつきぬけ、素粒子もブンブン飛びまわり、集合離散しているであろう。

そのような状態で「何が私を私たらしめているのか」そのような力を「いのち」と定義すると直観的に分かりやすい。外国人と言葉は通じなくても感情をシェアできるのは人のいのちを共有するからである。この命は人には人のいのちがあり、犬には犬のいのちがあり、猫には猫のいのちがあると考えると、一目見ただけで犬や猫の区別がつく理由に合点がいく。それらのいのちを見ているからだといえる。木や草にも同様のいのちがあることになり、心眼でもってすれば更に周囲のいのちを心全体で感じることが出来るだろう。

これがカンブリア紀から少なくとも6億年以上かけて進化してきた「いのち」の像だ。現在は物質的に示すことは出来ないが、ヒッ

ヨハン・ヴォルフガング・フォン・ゲーテ
1749~1832 ドイツを代表する文豪であり、『若きウェルテルの悩み』『ファウスト』などの作品を残した。イタリア紀行で自然観察をし、『形態学』を書いた。ワイマールの宰相も務めた。

グス粒子も予言から発見まで19年もかかったことを考えると、今後50年くらいのうちには証明されると思う。この仮説は現在の科学で説明のつかないことを矛盾なく説明できる。

例えば、言葉は通じなくても何故人間はお互いに共感できるのか、ペットとも感情をシェアできるのはなぜか。肝切除後の再生で元の肝臓のかたちになると増殖が止まるのは何故か、生物は何故成長と生殖をくり返すのか、等々である。

この考えを得たきっかけはゲーテの「形態学」に帰する。[54]三木成夫の形態学もゲーテの延長線上にある。[16]私は病理学生活の大部分の時間を形態学研究に費やしていたが、今になるとゲーテのいわんとするところが理解出来るようになった。

私は病理医生活を25年送り、約2000体の解剖をしてきた。病理医は死者の代弁者であれ、と教授に言われてきたが、まさに死ぬ際は人生の総決算である。しかし、いのちを精神界にまで広げれば不滅のいのちというものも存在しそうである。延暦寺や金剛峯寺の御影堂では開山の祖師が生きているように1000年以上もの間、供物やお灯明が絶えないで続けられている。これは祖師のいのちが続いているといえる。

いのちのネット

私たちは何のために長生きしようとするのかもう一度自分自身に問い直してみよう。私たちひとりひとりは広大な網の中にあってネットの結び目を成している。このネットワークは横の広がりだけではなく、三次元的に過去から未来へも広がっている。「自分」と思っているのはその一部でしかない、と思えるようになれれば、人のために役立つこと、自分の周りのネットワークを壊さないことを目的に生きられるのではないだろうか。これは自分以外の人との絆であり、自然界の全生物との共生でもある。ここまで体感して生きること、それがスピリチュアルなレベルに達した生き方と思う。

再生医療も現実に悩む人にはそれなりの救いをあたえるかもしれないが、それで無限のいのちを与えられるものではない。むしろ、手に得られる可能性があればあるほどそれを渇望するようになるであろう。良識で科学の暴走をコントロールすることが望まれる。

このようないのちの存在を感じ取り、地球上の生物との「共生」を実行できる人がホモ・スピリトゥスであり、日本語ではとりあえず「悟性人間」というと真意に近い。

これは地球自体が生命体である、とするガイア仮説とも矛盾しない。私は従来の形而上、形而下とわけて考える哲学はもう不要になったと思う。生物学的にいのちをこのように理解できれば宗教や国の境界という次元をこえた平和な世界を作れるはずである。

ましてや今の人類は16万年程前にエチオピアにいた女性の子孫であることを思えば、皆兄弟姉妹なのだ。腸脳人間、知的人間、悟性人間のキーワードはそれぞれ「欲」「こころ」「いのち」である。個人個人の心は外側からはわからない。しかし外部に現れる行動によって判断はできる。世界の宗教も苦しみから人を救うために生まれてきた。真の宗教者は先師の背中を見ながら後に続いている。共生を「とも生き」といって運動したのは増上寺の椎尾大僧正であった。これからの地球再生には人智の及ばないいのちの流れにそって共生の生き方を実行することであろう。

椎尾弁匡大僧正

1876〜1971（しいおべんきょうだいそうじょう）。浄土宗大本山増上寺八十二世法主。仏教学者。「時は今　ところ足もと　そのことに　打ち込むいのち　永遠のみいのち（御命）」という高名な道歌も残している。

6 寿命

世界各国の平均寿命の延長は小児の感染症死亡が克服されてきたことが大きい。栄養状態の改善や衛生環境の整備も影響している。さらに、成人病の発症にはさまざまな要因のあることがわかり、それを是正すれば病気になることを予防できる。この考えを確固たるものにしたのは対象者を60年以上も追跡した米国のフラミンガム研究である。性、年齢、高血圧、喫煙、糖尿病、高コレステロール、低ＨＤＬコレステロールなど、多要因のリスク評価によって心血管病の予防に介入する道を開いた。フラミンガム研究は更に総コレステロールＨＤＬコレステロール比の重要なこと、肥満そのものは慢性心疾患のリスク要因ではないが、脂質や高血圧、糖尿病などのリスクになること、喫煙と慢性心疾患は関係すること、それは喫煙量と関係し、禁煙すると血栓のリスクが減り、慢性心疾患のリスクも減ること、など多くのことを明らかにしてきた。また１９７６年にはロジスティック回帰により慢性心疾患のリスクを予想するモデルを提唱した。これは疫学研究の成果といえ、その後の予防医学の発展につながった。

しかし、日本の医療は薬剤や経管栄養などによってひたすら寿命を延ばすことを目的としてきた。これが終末期の過剰医療や必ずしも平穏な死を迎えられないようにしている。

最近、日本人間ドック学会は健保連と協力して１３０万人のデータから１万人以上のスーパーノーマルな健康人を抽出し、その検査値を性別、年齢階級別に発表した。[55] 人体には本来動物と同じような自然治癒力がある。ホルモン・神経・免疫系のホメオスターシスが働いている。健康と病気の境目はあるのか、ということは病気の治療開始の問題にもからんで重要である。予防医学の名のもとに正常の基準値を動かすだけで何百万人もの「患者」が生まれる訳である。本来、年齢に適応する生理学的変化がある筈である。

日本動脈硬化学会のガイドラインは、個々の患者の治療目標や治療手段の最終判断は直接の担当医師が行うことを前提としている。しかし、実際にはリスクを層別化しても薬剤治療が優先的に行われているのが現状であり、介入の妥当性の証明が乏しい。そもそも一次予防は病気になるのを防ぐのであるから薬剤を使用する療法の適用は本質を考えると論理的に矛盾している。一次予防は罹患しないことであり、検査値に人為的な基準をつくり投薬をするのでは二次予防に入ることになる。

各学会の推計患者数を集計して発表した厚労省の発表をみると一

「病気毎の患者と潜在患者数」

高血圧	4300万人	骨粗鬆症	1300万人
脂質異常症	4220万人	ぜんそく	1100万人
糖尿病	1870万人	うつ	650万人
不眠症	2100万人	認知症	462万人

合計 約1億6000万人

見しておかしい、と思うであろう。合計すると1億6千万人もの患者数となり、国民の総人口を上回る患者数になってしまうからである。これは病人とする検査値の境界を各学会が独自に設定しているからに違いない。

超健康人

スーパーノーマルな人たちの男女差や年齢階級について集計した検査結果をみると、臨床各学会のガイドラインの基準値との違いは明白で、問題点が鮮明に示された。とくにコレステロールや中性脂肪、血圧は従来正常値とされる範囲より高目で、経験的には、より生物学的に妥当性が高いと思われる。[55]

たとえば「超健康人」のLDLコレステロールの「基準範囲」は現在の正常とされる上限（119mg／dℓ）をはるかに上回って男性178mg／dℓ以下、女性の65〜80歳は190mg／dℓ以下とされた。

「スーパーノーマル健康人の基準範囲」

検査項目	年齢階級	男性基準値		女性基準値	
		下限	上限	下限	上限
血圧収縮期 (mmHg)	全年齢	88	147	88	147
血圧拡張期 (mmHg)		51	94	51	94
中性脂肪 (g/dl)		39	198	32	134

（日本人間ドック学会）

検査項目	年齢階級	男性基準値		女性基準値	
		下限	上限	下限	上限
総コレステロール (g/dl)	30-44			145	238
	45-64	151	254	163	273
	65-80			175	280
LDL コレステロール (g/dl)	30-44			61	152
	45-64	72	178	73	183
	65-80			84	190

脂質異常症としてスタチンで治療を始めるのは１５０mg／dℓであるから、まるで不要の薬物投与をしていた可能性がある。むしろ最近ではスタチンは心血管系のリスクをへらさず、心筋細胞のミトコンドリアに毒性を及ぼす、とか糖尿病も増やすと言われている。トリグリセライドについても、現在の上限（１４９mg／dℓ）に対し、女性は１３４mg／dℓだが男性は１９８mg／dℓの値が示されたのである。年齢に適応する生理的変化が存在する筈で、若い人のレベルと異なるのはあたりまえであろう。さらに個々人の最適値も異なるはずである。

7 未病

私は検査値は異常とされても症状のない人、また、症状はあるが検査値は正常な人を「未病」と定義づけるとわかりやすいと思うようになった。未病の範囲を定義づけないと対応のしようがないからである。前者にはメタボのような人、後者には軽いうつや心身症のような人が入る。予防医学の考えでは未病状態は病気に進行するのであるからできるだけ早くから治療対象に、ということになるが、統合医療の立場では未病は食事と運動で元の健康状態に戻るのであるから治療対象にはならない。治療対象人口は3分の1になるのである。さらにQOLも高く保てて健康長寿を実現できる。

不断の技術開発は先端医療と称して持て囃されるが、真に患者のしあわせに役立っているであろうか。私は現在の医療はあまりに物質的なことに偏っていると思い、数年前から統合医療を研究し始めた。しかし、この分野もセクト主義や蛸つぼ医が多く、さらに統合知に基づく再建が必要と思うに至った。蛸つぼ医とは自分では先端的仕事をしているつもりでも蛸つぼに潜んでいるうちに周りの状況はすっかり変わって取り残されている状態をいう。

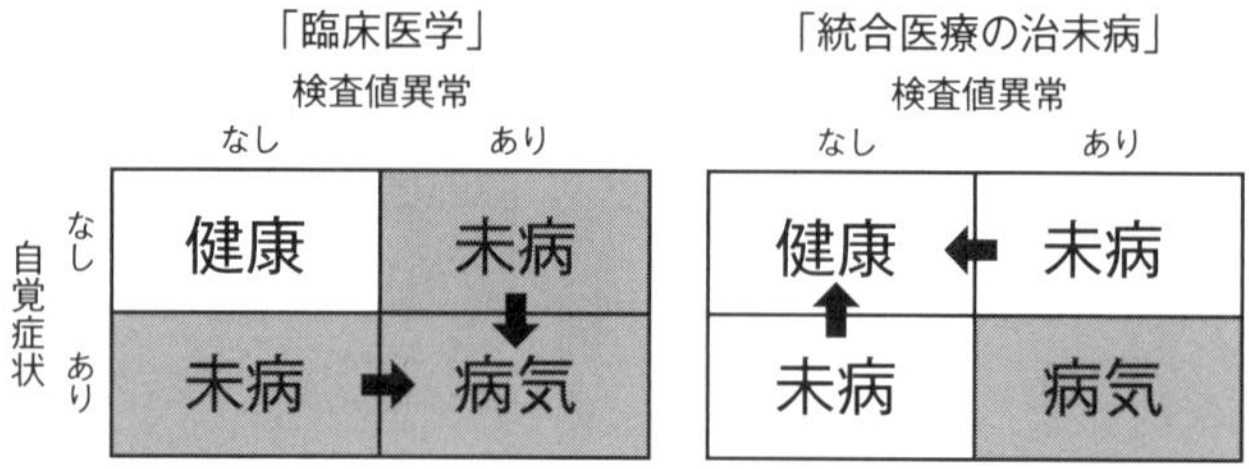

治未病と予防医学

人の自然治癒力を考える際に、「未病」について考えたい。「治未病」は「予防医学」とは微妙なニュアンスの差がある。臨床医の考える予防医学は、検査値異常、病気、重症化、死亡という直線的モデルが念頭にある。一方、未病は2x2表で考えるとわかりやすい。横軸に検査値をとり正常、異常にわける、また縦軸に症状なし、ありをわける。両方ないのが「健康」、両方あるのが「病気」とすると、どちらかあるのを「未病」と定義できる。未病を正すということは生活習慣の是正、とくに「食・こころ・体」のバランスを取り戻すことによって健康体に戻す、という概念である。[2]

欧米では全人医療のキーワードにボディ・マインド・スピリットという言葉がある。[56] 私たちはこれに「食」を加えることで正四面体として安定して立つことを示した。

治未病は自然の治癒力を最大限に生かして健康体にもどそうと云うものである。未病に対して、予防医学は本来病気にならないようにする一次予防が手法になるが、実際には検査値異常を示す人に薬物治療を始めることが多い。西洋医学的な未病の考えでは病気にすむのであるからできるだけ早く治療を始めた方がよいということになるが、統合医療では健康にもどるのであるから薬剤による治療対象とはならない。

日本に伝統的な「未病を治す」食養生は、これからの長寿社会を支える核として地域医療、在宅医療に実学として役立つ筈である。患者の大多数を占める肥満や生活習慣病、うつ病などは食・こころ・体を正すことによって未病の状態から健康体に戻ることができる。安易な薬物療法が先行しては治る病気も治らない。対症的に正常値に戻すだけなのに治ったような気持ちになってしまうからである。また、終末期患者で医療の術がなくなった患者でも、寄り添う生活行動援助により感謝して尊厳のある人生を全うすることができる。そこでは死ぬまで胃瘻《いろう》をつけられた認知症の患者のように尊厳がそこなわれることはない。

医療は科学的合理性のみでは効果をあげない。人は理性のみで動くのではなく、意識下の情に支配されている部分が多いためである。心身医学やプラセボ効果はこころの影響の大きさを物語っている。昔から「病は気から」という言葉はよく使われる。近代西洋医学はそのような部分を無視して、ひたすら科学的に原因を究明し、それを取り除くことに主力を注いできた。また、検査が普及するにつれて、検査値の正常範囲が決められ、予防医学と称して老いも若きも薬剤を使用してでもその中に納めるようにする、という努力がなされてきた。

しかし、病院や医院を頼って薬剤投与をうけながら一向によくならないという不満をもつ患者は多い。正常値に下げようと熱心なあまりかえって体調を損なう人もいる。西洋医学に頼らないで漢方薬や鍼灸、カイロプラクテックでよくなったという患者も多い。

51. 香川靖雄「時間栄養学」『医と食』2013；5（4）：171-8.
52. ジェームス・D・ワトソンほか 中村桂子／滋賀陽子ほか訳 『ワトソン遺伝子の分子生物学 第6版』 東京電気大学出版 東京 2010
53. 本川達雄 『ゾウの時間ネズミの時間』 中公公論社 東京 1992
54. 木村直司編訳 『ゲーテ 形態学論集 植物篇・動物篇』 筑摩書房 東京 2009
55. 「スーパーノーマル」『医と食』第6巻3号 生命科学振興会 東京 2014
56. アンドルー・ワイル 上野圭一訳 『癒す心、治す力―自然的治癒とはなにか』 角川書店 東京 1998

V
自然の治癒力

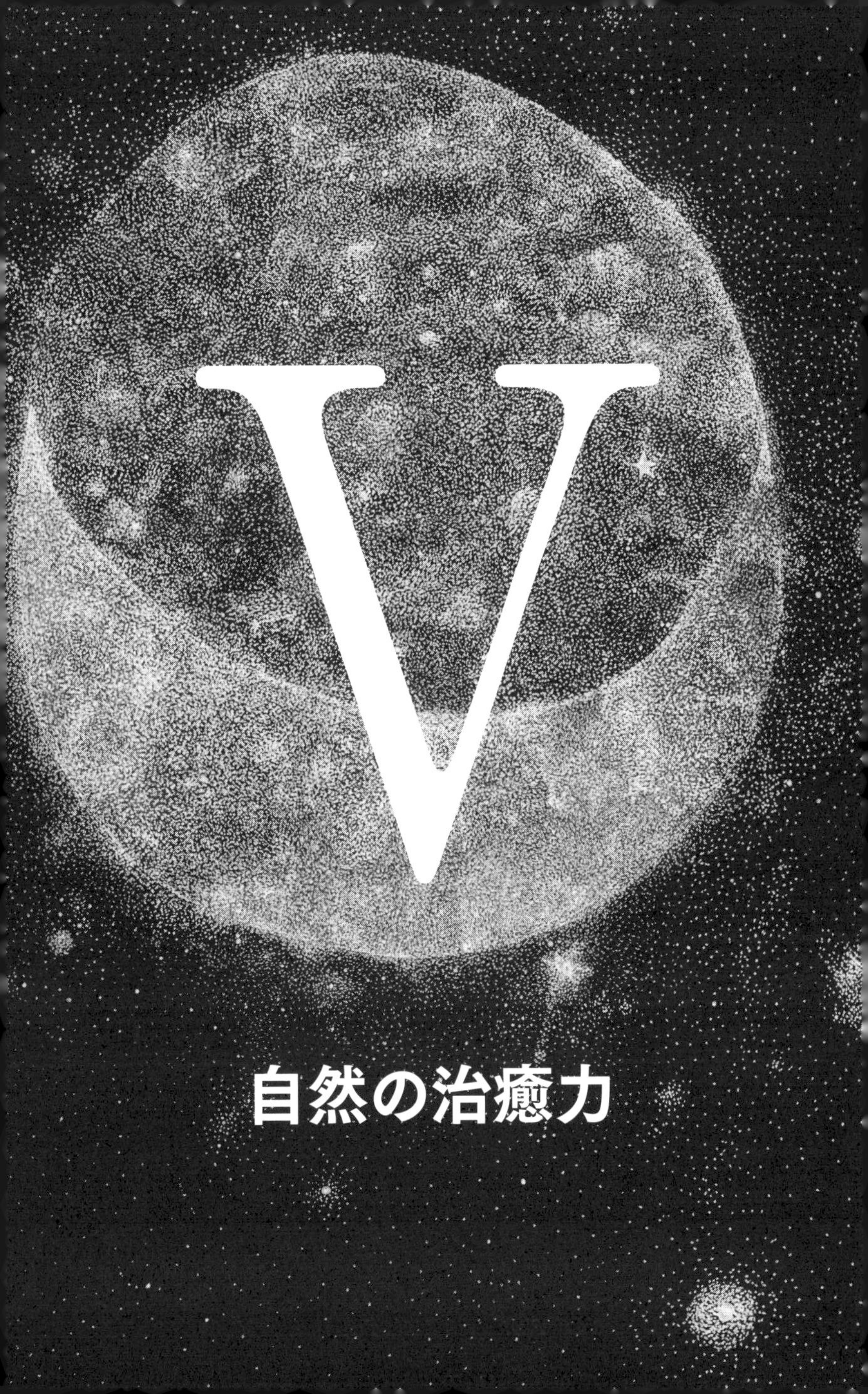

1　人の癒し

近年、世界の伝統医療のよい点をすべて取り入れて、患者を全人的に治療しよう、という考えが現れ、補完・代替医療として広まってきた。米国のＮＩＨは両方を合わせて統合医療として研究センターを設けた。[2]この中では「気」もエネルギー療法として取り上げられている。統合医療の提唱者ワイル博士は「統合医療とは癒しに焦点をあて、ライフスタイルの全ての側面を含めて全人的（身体、こころ、霊性）にとらえ、治療における交流を重視し、現代医療と補完医療、代替医療の両者から適切な治療法を選んで利用する医療である」と述べている。[56]治療の方法がなくなっても癒しを与えることはできる。[57]

高齢者の医療

とくに高齢者は検査値を正常に戻すために頑張って治療するよりも、だましだまし治療するほうがよい。高血糖を無理に下げて失明させたり、血圧を下げてパーキンソン病になったりした例は多い。体全体がポンコツカーになっているのに高速道路を走らせるようなものである。根本的治療法を無理につづけると、効果は限定的で副作用に悩むことになる。高齢になると呼吸筋が弱くなり、また嚥下時に気道を完全に閉塞できないために誤嚥が起きやすい。在宅高齢者・要介護高齢者の肺炎の多くは誤嚥による肺炎である。

機能低下による肺炎なので、機能向上つまり体力維持と嚥下機能改善こそが治療の主眼になる。吸引、本人家族の理解と協力、点滴、酸素、これら全部が必要である。

誤嚥性肺炎を治療する場合、肺炎の治療中は肺炎の反復を恐れ、絶食期間を設けるので、病院に入院していると、炎症反応マーカーのＣＲＰが陰性化するまで絶食期間とすることが多い。もともとむせて食べづらい人が、入院して点滴を受けながら１ヵ月も絶食期間があると１ヵ月後に食事をしようとしても食事をとることが難しくなる。本人の症状・生活機能に合わせて医療を計画することが必要だ。少し落ち着いていれば、起きてもらう。起きて大丈夫なら立ってもらう。もしくは食べてもらう、とできるだけ食事・運動によるリハビリテーションの可能性を試す[58]。

そのような終末期には「病気」を治す発想よりは「人」を癒す発想が重要であり、それには西洋医学のみなく、東洋医学や他の伝承医療なども積極的にとりいれる統合医療が成果を上げる[2]。患者に寄り添い、もっともよい治療選択を行うことで医療費も適正規模になっていくであろう。統合医療の理念は人の生き方や哲学的思想をも視野にいれた次世代の医療概念の中核となるものである。

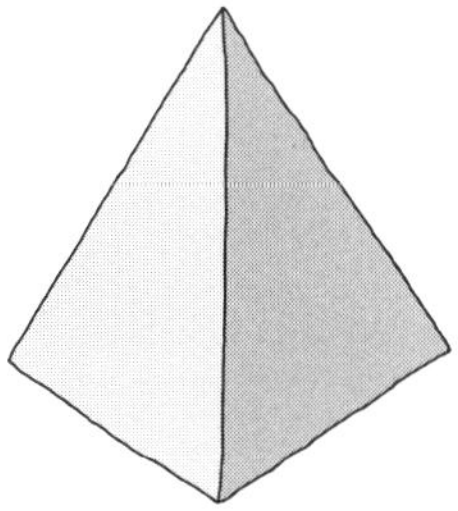

2 統合知に基づく正四面体モデル

統合知とは理性に基づいて発展してきた科学と、感性、情に基づく哲学や人文的知識を融合させた「知」の体系である。地球上には今までにいくつもの文明が誕生しては消えた。現代まで継続する西洋文明、黄河文明、インダス文明などの文明にあって、病や死は時代を問わず大きな問題であり、それぞれ独自の解決法を生みだしてきた。

ルネッサンス以後の西洋文明は病気の「座」をもとめ続け、メカニズムを明らかにし、病巣を除去する、という体系をつくった。中国の文明は陰陽・五行の「相」のバランスをとることで全体を良くしていくということを重視している。インドのヨーガは体質を重視し、瞑想などによりセルフヒーリングを強化することを目的としている。日本の漢方は「証」の変化に応じて漢方薬を処方して症状を軽減し、治癒しない場合でも一病息災を目指す。
生活習慣や食事の重要性はいずれの文明にも共通して指摘されている。ギリシャ文明ではヒポクラテスが、黄河文明では黄帝内経に、日本でも貝原益軒の養生訓などに体験から生み出された共通した教えがある。それは「食・こころ・体」である。[59]

学理と技術

学問体系として整理すると食の部は「栄養食養学」、こころの部は「心理学」、からだの部は「健康学」によって包括できる。これを三角錐の底辺として、スピリチュアルな生活を頂点とする。これを達成するためにさまざまな技法がある。「食」には栄養学のみならず食養生、正食、断食、サプリメント、薬膳など、「こころ」は心身医学、実存分析、臨床心理学、ヨーガ、瞑想、宗教、さまざま

ヒポクラテス
紀元前460頃～紀元前370頃。アテネの最盛期にコス島に生まれ、『戦史』を著したトゥキディデスやソクラテスと同世代。人間のおかれた自然環境や政治的環境が健康に及ぼす影響について先駆的な著作をのこしている。医学の父、医聖、疫学の祖などと呼ばれる。

貝原益軒
1630～1714　江戸時代の本草学者、儒学者。18歳で福岡藩に仕えたが7年間の浪人生活を送った。藩医として帰藩後、京都で本草学や朱子学等を学んだ。幼少のころから読書家で、非常に博識で、実証主義的な面を持った。

なリラクセーション法など、「からだ」は西洋医学の他に漢方、鍼灸、整体、アーユルヴェーダ、カイロプラクティク、運動など、それぞれに多様な手技を使うことができる。三角錐の食・体の側面は「医食同源」、こころ・体の側面が「心身一如」、食・こころの側面が「腸脳連関」となる。

食・こころ・体の三軸がバランスをとっていればスピリチュアルな生活、意義ある生活、悟性の生活を達成できる。この達成には自身の生活習慣を変え、より高いものを目指すという「行」が必要である。この部分に現代生気論は役立つ。この正四面体の基盤には農漁業や環境、家族や社会問題への広がりも持つ。運動や体を動かしやすい環境整備も必要である。

3 正食と断食

食事の選択のみでなく、正食（マクロビオティック）は生き方の

石塚左玄
1851〜1909　福井藩出身。陸軍で薬剤監となった後、食事の指導によって病気を治した。栄養学がまだ学問として確立されていない時代に食物と心身の関係を理論にし、食養会をつくり普及活動を行った。玄米・食養の元祖で「食育食養」を国民に普及することに努めた。

向上をめざす思想が根底にある点が国際的に支持を集めている。[48]マクロビオテイックとはギリシャ時代にソクラテスが「大いなるいのちを得る法」といったのに由来する。

正食とは、一九二八年に桜沢如一が石塚左玄の食養道を基に考案した食生活法をパリで拡げようとした時に、「ゼン・マクロビオティック」として採用した。[60]以下のような特色がある。

一　玄米や雑穀、全粒粉の小麦製品などを主食とする。
二　野菜、穀物、豆類などの農産物、海草類を食べる。有機農産物や自然農法による食品が望ましい。
三　なるべく近隣の地域で収穫された、季節ごとの食べものを食べるのが望ましい。
四　砂糖を使用しない。甘味は米飴・甘酒・甜菜糖・メープルシロップなどで代用する。
五　鰹節や煮干しなど魚の出汁、うま味調味料は使用しない。

出汁としては、主に昆布や椎茸を用いる。

六　なるべく天然由来の食品添加物を用いる。塩はにがりを含んだ自然塩を用いる。

七　肉類や卵、乳製品は用いない。ただし、卵は病気回復に使用する場合もある。厳格性を追求しない場合には、白身の魚や、人の手で捕れる程度の小魚は、少量は食べてよいとする場合もある。

八　皮や根も捨てずに用いて、一つの食品は丸ごと摂取することが望ましい。

九　食品のアクも取り除かない。

十　コーヒーは身体を冷やすので避ける。

これにより食に感謝し、肥満にならず、腸内環境が良く保たれ、気血水の流れが不足したり滞ったりしない。正食は肉食や脂肪過多の偏った食事によって起きる多くの病気を治すこともできる。

これは「一物全体」「身土不二」「陰陽調和」の、三大理念を柱に持つ。玄米を主食に、野菜や漬物などを副食とし、ベジタリアン食に近い。独自の陰陽論を元に食材や調理法のバランスを考える。桜沢は『魔法のメガネ』で、万物を陰と陽に分類し、科学的全世界観として無双原理を提唱した。桜沢の後継者の久司道夫は米国でマクロビオテックを広め、いまや健康をつくる食事として国際的に広がりを見せている。[48]

甲田光雄の少食と断食療法

ヒトはどれだけ食べればよいのか、ということは経験的なものが多い。甲田光雄は大正、昭和を風靡した西勝造の健康法によって自分の病を克服し、それを発展させて独自の断食療法を開き、日本綜合医学会の第四代会長として大きな貢献をした。[60] 本人も玄米・少食・生食を実践し、83歳で大往生を遂げたが、西洋医学の傍らで慢

甲田光雄

1924〜2008　大阪生まれ阪大出身。子ども時代から偏食で病が絶えず、西式健康法の断食で治癒。玄米、青汁、断食を組み合わせた療法で治療した。日本綜合医学会会長として全国健康村ネットワークを創設。

西勝造

1884～1959　神奈川県生れ。13歳の時原因不明の下痢と微熱が続き、医者から見放されて様々な健康法を実行。その後コロンビア大学でトンネル工学や橋梁工学を学び、日本初の地下鉄を設計。44歳になって食事療法（断食・生食・等）、運動療法（六大法則・温　冷浴・等）、精神療法（合掌四十分行、弛緩態勢四十分行）を組み合わせた西式健康法」を公表し普及を図った。

性疲労症候群、潰瘍性大腸炎、膠原病、ウイルス性肝炎、アトピー性皮膚炎など、治療が難しい疾患を絶食療法で治療した。腸脳機能がこれだけ分かってきた現在、絶食療法はもう一度再評価される必要がある。

甲田は自分の大病を機にして、医大生時代に現代医学を見限り、以来、民間療法である「断食」「生菜食」「西式健康法」などを組み合わせた独自の医療哲学を研究。自らの療法を自らの身体で実践し、幾多の試行錯誤を経た末に「少食に病なし」という確信にたどり着き、50年かけて「甲田メソッド」として完成した。

甲田の健康法は「各人の症状に応じ、食事を如何に少なく摂るか、食べたものを如何にして滞りなく完全に排泄するか」というものである。腸管内に停滞した宿便が盛んに腐敗発酵を繰返す過程でガンを始め色々な病気の原因となる毒素を産生するので「宿便は万病の元」と考え、薬も注射も一切使わずに治療するのである。[60] 肉食主体の西洋人では宿便の害はより強い。[61]

生菜食への適応

日本綜合医学会の会長もつとめた甲田光雄の断食療法は一日の総熱量が900キロカロリー前後で、蛋白質も1日25〜27ｇである。これは普通の食事の半分くらいである。生菜食を実行し始めた当初は体重が減ってゆき、人によっては全身倦怠感やフラツキ、頭痛など色々な症状が現れる。体重減少は多い人で10〜15kgにも達する場合があるが、たいていは5〜8kgで止まる。生菜食を始めて五ヶ月間くらいは体重減少し、その後は横ばいとなり、さらに数ヶ月経つと、今度は逆に体重が増える。甲田の指導で生菜食を実行した人々の中で、このように体重が増えた患者が何十人も報告されていて、中には難病を断食で克服し、1日青汁1杯で20年以上元気な人もいる。生菜食で体重が増える頃になると、身体の調子も一段と良くなり、スタミナも出てきて、心身共に快適な日を送ることができるよ

野口法蔵
1959～ 石川県七尾市生まれ。写真家としてベトナム、インドを放浪。1983年、ラダックにて得度。1986年、インド国立タゴール大学に滞在。帰国後臨済宗妙心寺派に所属。坐禅断食の指導を全国で行っている。

うになるという。青汁だけの人は腸内細菌叢も大きく変化し、血中ケトンが増加してエネルギー源となっていた。この状態には奇跡の人といわれるほどの断食行を続けねば到達しない[62]。

宿便

宿便をだして腸管機能を保つことの重要性は医学的にも認識されている[61]。しかし、宿便については医師の間では見たことがないと、否定的な意見が多い。それは内視鏡検査の前に強力な洗浄液で腸の内容物を洗い流すからである。長期の便秘患者は便の貯留が多く、さまざまな症状に悩む。野口法蔵[63]らは座禅と断食を組み合わせて100%の人の宿便をとるのに成功している。座禅は背筋もピッと伸ばすので、整体としてもよく、警策で背中を叩くのも、ツボにそったところに刺激を与えて体を活性化させるのに役立つ。

東北大学では炎症性腸疾患患者で薬剤不応性の患者に独自の絶食

療法をおこなっている。[31]医学的管理の下に行う絶食療法は心身医学療法として健康保険の適応にもなっている。また、全国各地に断食道場として数日から1週程度の断食やプチ断食として朝食抜きや半日の食断ちをするグループも多い。しかし、指導者なしでやみくもに自己流でやると危険もある。断食の効果は飢餓状態に入ることでストレスホルモンやいろいろな遺伝子が活性化し、一連の効果を生むためと考えられる。

いのち育む農業

甲田光雄は青汁用の野菜をつくるうちに、農作物も「いのち」一杯の土の上に育ってこそ健全なものができることを実感し、大切な「いのち」を農薬や化学肥料で無造作に殺してしまうような農業が私達の健康をいかほど害しているか！と警告を発していた。

すべてのいのちの平等という立場から「いのち」を分かち合い少

食の生活を学ぶことが自らを健やかにし、世界の飢餓を救うという思想は、京都で開かれた世界環境会議を機に『全国健康むらネット』の創設に結実した。

「より少なく食べることが食べ物をより美味しく味わうこと」だという平凡な事実が自分を変革し世界を変えていく無限の力を秘めている。健康村が沢山出来ることは、日本の社会から病人が激減し、政治・経済・教育の変革を期待できる大きな世直し運動となろう。

そこには西勝造から甲田光雄に伝わる大きな哲学的思想の流れが感じられる。

4 薬膳

食材、特に野菜や果物は栄養素として挙げられていない何百もの機能性成分を含む。薬膳はこれらを有効に摂り込むことで未病や病を治す目的で発達した。特に中国では陰陽五行の世界観があり、神

「皇帝内経」ー素門ー

五穀	：麦、黍（キビ）、稗（ヒエ）、稲、豆
五果	：スモモ、杏、大棗（ナツメ）、桃、粟
五畜	：鶏、羊、牛、犬（馬）、豚
五菜	：葵、豆類の葉、薤（ラッキョウ）、葱（ネギ）、韮（ニラ）

農による神農本草経の影響もあって薬膳の思想がひろまった。健康を保つことを「食養」、病人を治す場合には「食療」といっている。[58]

五行と食の関係は前漢時代に編纂され、唐代の762年に復刻された『黄帝内経』「素問」の臓気法時論篇第二十二における〝五穀《ごこく》為養《なよう》、五果為助《ごかなじょ》、五畜為益《ごちくなえき》、五菜為充《ごさいなじゅう》、気味合而服之《きみごうじふくし》、以補益精《いほえきせい》気《き》〟という言葉がよく引用されている。これらは、食の医療作用を明確に解説している。

病気治療にも、穀畜菜果などの食べ物をとることで、身体を養い、健康保持への必要条件となる。薬に頼らず食物で健康になるべきであると、飲食物の調和の大切さが記されている。摂取した際に生じる体内の変化によって「熱、温」、「涼、寒」に分類する。どちらも属さないものを「平」という。これらは体質、疾病の寒熱性質と相対して定義され、四気（五気）という。食薬の味覚において、「酸、苦、甘、辛、鹹《かん》」の五つにわけ、それぞれ以下の作用があるとする。「酸（渋）」は収斂、固渋の作用、「苦」は瀉下《しゃげ》、燥湿《そうしつ》の作用、「甘」

は補益、和中、緩急の作用、「辛」は発散、行気、活血、滋養の作用、「鹹」は軟堅、散結、瀉下の作用、味のはっきりしない「淡」は滲泄《しんせつ》、開竅《かいきょう》の作用があるという。

医学的見地においてこれら五行の体感は自律神経によるもので、例えば冷え性は血管の収縮や弛緩を調整する働きの不調から起こるため、これらを改善する成分を含む食品を摂ることが薬膳の考えかたになる[2]。

食薬の作用と臓腑、経絡を結び付け、主な作用を定める説明では、食薬の色、性味によって入る臓腑も異なるとされる。これにはこじつけが多く、現代の薬理学的知識からみると意味をなさないものが多い。おそらく経験的に食薬自身が身体のある部分に選択的に作用を発揮し、気の流れである経絡の一経或いは多経に帰することができるとしたのであろう。経絡との関係は気の流れへの影響として重要であろうが、現実から遊離してわからないものもある。

5　健康寿命をのばす

寿命と健康寿命の開きが10年近くあることが、介護や医療の問題となっている。しかも寝たきり老人の問題や摂食嚥下困難から容易に胃瘻をつくるような行為が横行し、人生末期の「尊厳」を著しく損なっている。また、死の質ＱＯＤもＯＥＣＤ40ヶ国中23位という状態で、国際的に日本の医療・介護は評価されていない[64]。老人の健康は個人差が大きく、長年の生活習慣が密接に関係している。高齢者は加齢からくる老衰による虚弱状態もあり、またいくつもの病気を同時にもつことも多い。従って、このような高齢者へ適用可能なガイドラインは一律の適応ではなく、当然個人個人に個別化したものにならねばならない。

私たちは高齢者向きには「食・こころ・体」を一体化したガイド

ラインが必要と思い、目標を高齢者が100歳まで自立して、生きられるようにするにはどうすればよいか、また、何らかの病気をもった高齢者ができるだけよい状態で生ききり尊厳ある死を迎えるためにはどうすればよいか、という二点を検討してきた。

高齢者では、生理的な食欲の低下、さまざまな疾患、薬剤の服用、身体機能障害などから一般に運動不足や栄養障害をきたしやすい。加齢に伴って栄養素の腸管からの吸収障害がおきることもある。口から食べること、便秘などを解消し、胃・腸管をよい状態に保つことは健康長寿の意欲的な生活に戻る要件である。

高齢化による身体機能の低下の程度は、高齢になるほどその個人差が大きくなり、総死亡率との関係は暦年齢よりも強い相関を示す。そのため、高齢者については、暦年齢よりも現在の心身の状態を考慮した適切な対応が必要である。「こころ」に配慮し、人生をより充実させるために、生物学的時間を意識した「生物学的年齢」を洞察する必要がある。

からだも変化

施設入居者や在宅ケア対象の高齢者では、低栄養状態にあり負の窒素出納を示す人が少なくない。窒素出納はエネルギー源の摂取状況とともに考えねばならない。血中たんぱく質が低いからと、いたずらにたんぱく質の摂取量を増やすのでは糖質の摂取比率が減り、たんぱく質が分解してエネルギー源に消費されるため、かえってサルコペニアを悪化させることになる。まず、必要エネルギーを糖質と脂質で摂って、別途にたんぱく質を計算して適正量を摂る必要がある。

食事の提供がなされながら体重減少がみられるときは、がんのような代謝亢進状態がないか検討を要するが、まずその人に適正な栄養量が提供できているかどうかを点検する必要がある。摂取する量は提供された量とは異なるので食べ残しの量を把握せねばならない。老人になると吸収効率の問題もある。

食習慣は生活習慣病の大きな要因であり、家族などいっしょに暮らしている人の生活習慣も含めてその是正が必要になることが多い。しかし、食行動は個人的嗜好の影響が大きく、文化的背景が複雑に影響しあっているので、基本的な食事パターンを覚えてもらい、嗜好はその人の食文化に属することとして適正量を超えないように、ややゆるやかな指導をした方が成功しやすい。自分で問題点をよく認識するところから始まる認知行動変容療法は多くの成果をあげることができる。さらに生きる意味を発見させる実存療法も役立つ。

生きがいを持つことが若々しさを保つ。犬や猫を飼うこと、花や野菜を育てることも、生き生きとした生活を与えてくれる。いのちの共生効果と考えたい。

6 死といのち

現在の医療はひたすら延命治療に熱心だ。私たちは何のために長生きしようとするのかもう一度自分自身に問い直してみよう。死に方について尊厳死を望む人がほとんどだが、何故私たちは死ぬ時に尊厳を求めるのだろう。

私は病理医生活が長かったのでその間、死者と向き合いながら、生と死、いのちの問題を考えてきた。魂の問題は体が死ねばそれまでで、死後には東坡の九相詩の描くままの変化が起きるとおもっていた。私たちの身体を分けていくと、臓器、細胞、分子、原子、素粒子とどんどん小さくわけることができる。細胞も数週間の寿命で生まれ変わっているのであるが、分子にいたっては時間単位の半減期で入れ替わっている。さらに原子、素粒子のレベルで考えると宇宙から飛来して身体を突き抜けていくものもあり、私たちの身体は

東坡の九相詩
1036〜1101　蘇東坡（そとうば）。中国北宋の文人政治家。屋外にうち捨てられた死体が朽ちていく経過を脹相、壊相、血塗相、膿爛相、青瘀相、噉相、散相、骨相、焼相の九の場面にわけて描いた。無常を現わす仏教絵画で日本へは空海が紹介したといわれ『大智度論』『摩訶止観』に含まれる。

エリザベス・キューブラー＝ロス
1926～2004　チューリッヒに、三つ子姉妹の長女として生まれチューリッヒ大学医学部卒。コロラド大学、シカゴ大学で臨床的な研究を発展させ『死ぬ瞬間』の中で死の受容のプロセスと呼ばれている「キューブラー＝ロスモデル」を提唱した。

エリカ・シューハルト
1940年～　ハンブルク生まれ。ハノーハー大学教授、人生の苦難を乗り越えた伝記を研究し、『このくちづけを世界のすべてに‐ベートーヴェンの危機からの創造的飛躍』で生きる上で連帯の重要性を説く。

巨大な宇宙空間にも匹敵し、意識によって把握できるものはなく、ほとんどのことは感知できない。

普通の健康な人は病に倒れた時、どういう心的な反応をとるのか。これを研究したのが、シカゴ大学の精神科医キューブラー・ロスである。[65] 彼女は、多くの癌患者と面接し、患者の心は、否定・怒り・取引・うつ・受容、と変化して死に至るという仮説を立てた。エリカ・シューハルト[66]はベートーベンなど二千人の自伝を研究し、危機をのりきる8つのステージを提唱した。前述したキュブラー・ロスのモデルにも似るが、これは「不確かさ」の状態から、「確信」、「攻撃性」、「折衝」、「鬱状態」、「甘受」、「活動」、「連帯」に至る八段階である。危機のスパイラルを乗り越え、社会的連帯に至るモデルは、人間はひとりひとりでは生きられず、集団、社会に依存して生きる動物であることを示唆している。

日本でも同様の研究が多くなされたが、日本人は、否定・怒り・取引・受容という考え方がこの順番どおりには行かず、行ったり来たりする。また、日本人独特の退行現象、幼児帰りという現象がある、ということが分かってきた。こういう所にも西洋の直線モデルと東洋の循環モデルが反映しているのかも知れない。

7 涅槃

私たちはせいぜい生きて100年の寿命である。過去から未来へいのちをつないでいく存在である。私たちひとりひとりは広大な網の中にあるネットの結び目を成している。このネットワークは横の拡がりだけではなく、三次元的に過去から未来へもひろがっている。この維持に役立つこと、自分の周りのネットワークを壊さないことを目的に生きられる。これが我執を超えた悟性のレベルに達した生き方と思う。

仏教学者の中村元[67]は阿含経など原始仏教の経典に通じ、ヒンズー教や、非所有・非暴力・非殺生を教義とするジャイナ教にも造詣が

中村元
1912～1999　松江に生まれ、東大インド学科卒。インド哲学・仏教思想にとどまらず、東洋と西洋の超克を目指した。サンスクリット語・パーリ語に精通し、仏典などの解説や翻訳に代表される著作は多い。『佛教語大辞典』は20年の労作である。86歳で急性腎不全のため自宅にて死去。

ふかく、釈迦の思想の成立に肉薄した。南伝のパーリー語教典を訳した中村元は「安らぎ、涅槃ニルヴァーナには声を荒げないだけで達しえるのであるから、後代の教義学者たちの言うようなうるさいものではなくて、心の安らぎ、心の平和によって得られる楽しい境地というほどの意味であろう。」と説明している。釈迦が一切を無常・苦・無我であると説いたのは、単に現実を否定したのではなく、かえって現実の中に解決の道があることを自覚したからである、といわれる。

涅槃を一定の世界として留まることなく、生や死にとらわれて喜んだり悲しんだりする。のではなく、全てに思いのままに活動して自由に生きる。このような涅槃の心境は、単に煩悩の火が吹き消えたというような消極的な世界ではなく、煩悩が転化され、慈悲となって働く積極的な世界である。その転化の根本は智慧の完成である。ゆえに「さとり」が智慧なのである、と説明している。

胎児期から幼少期、思春期、成人期、老人期と練り上げてきたいのちの輝きを、最後まで輝かせたい、それを周囲の人や子どもに伝えるために尊厳をもって死に向かいたい。個人個人は死の瞬間は自覚できない。つまり逆説的にいえば死なないのである。いのちの流れにまかせて生き切る発想が「さとり」といえる。日本は世界に例のない長寿社会を迎えるにあたって叡智が必要とされている。終活などという言葉がはやり始めたが、自分自分の人生をどのように描くかという性根を据えた生き方が望まれる。何を時代につなげたいのか、という発想も大事であろう。

57. 川崎みどり 『看護の力』 岩波書店　東京　2012
58. 渡邊昌 『栄養学原論』 南江堂　東京　2010
59. 大塚敬節 『新装版　漢方医学』 創元社　東京　2001
60. 甲田光雄『断食療法の科学』 春秋社　東京　1974
61. バーナード・ジャンセン　月村純枝訳 『汚れた腸が病気をつくる』 ダイナミックセラーズ出版　東京　1988
62. 森美智代 『「食べること、やめました」—1日1杯の青汁だけで元気に13年』 マキノ出版　東京　2008
63. 野口法蔵 『断食坐禅のススメ』七つ森書館　東京　2014
64. D.Praill 他 「終末期医療の国際比較」『医と食』 2010；2（5）：256-9.
65. エリザベス・キューブラー・ロス、 鈴木晶訳 『死ぬ瞬間—死とその過程について』 中央公論新社　東京　2001
66. エリカ・シューハルト　山崎順訳 『なぜわたしが？危機を生きる』 長崎ウェスレヤン大学研究叢書1　長崎　2011
67. 中村元 『ブッダ最後の旅—大パリニッバーナ経』 岩波書店　東京　1980

VI

統合科学による
現代生気論

1　ライフサイエンスと統合知

21世紀は生命科学の時代といえる。とくに20世紀末からの遺伝子工学の進歩は驚異的であり、体外受精やダウン症児の妊娠中絶など、しばしば医療倫理上の問題となる事件もあった。科学は哲学や宗教と車輪の両輪のようにバランスをとって進める必要がある。私たちは科学というと幕末から明治にかけて西洋から輸入した自然科学を科学と考える傾向がある。確かに19世紀末から20世紀にかけて物質追求の科学は著しい知識と利益をもたらした。しかし、日本はその成果を学ぶことに忙しく、その知識の根源の考え方を学ばず、単なる模倣といわれる非難もあった。

一方、こころや認識については西洋より1000年以上の思索を重ねた仏教の方がはるかに深みに達している。しかし、福沢諭吉の『文明論之概略』にみるように、明治維新当時の開明思想は仏教や

福沢諭吉
1834〜1901　中津藩の下級藩士に生まれ、緒方洪庵の適塾で学ぶ。咸臨丸でアメリカへ、また幕府翻訳方としてロンドン万博に参加、大量の本を翻訳、『西洋事情』で啓蒙する。慶応義塾の創設や時事新報の発行など、自由思想の普及を図った。

橋田邦彦
1882〜1945 東大生理学教授。『自然と人間』で科学する心を推奨、道元の研究深く『正法眼蔵』解説を発刊。近衛文麿・東條英機両首相より文部大臣として招聘された。このため、学徒動員を認可したA級戦犯容疑者とされ、服毒自殺した。

儒教を因習に満ちた物として切り捨て、欧米の思想を学ぶことが新しい時代に必要と持て囃したのである。[68] そのような姿勢に警告を発したのは橋田邦彦であった。[69] 彼は「自然と人間」の中で科学する者、宗教する者という「者」は極めて主観的な我であり、その主体のない科学や宗教は「生きる」という人生から乖離し、身心一如としての真実を把握できていない、ということを指摘したのである。

科学は客観的ということが強調されすぎ、その科学する者は極めて主観的な立場にあることを忘れていたのである。その意味でライフサイエンスはライフとサイエンスと対立させるものではなく、ライフサイエンスという一語であらねばならない。

私は福島原発事故に絡み、科学者の責任を考え、科学者は良識を基に研究や行動をせねばならないと書いたが、まさにこれが忘却されていたのであり、現在もさまざまな面で主体を忘れた我欲が横行している。私は「こころ」と「いのち」の問題を考え、進化論や発生学、比較解剖学等の進歩は統合知として関連領域の知識を融合させる段階に達したと思うが、行為をおこすこころについては心理学や教育学なども統合させていかねばならないと思っている。いずれにせよ自己の深みを探るには意識と意識下を統合させる「行」しかなく、真の自己を把む努力が必要である。

2 哲学と生気論

哲学という単語は明治に西周《にしあまね》が訳出したといわれる。訳語に親しみがなく、敬遠される傾向が強い。戦前の日本では、旧制高校の制度があり、カントやヘーゲルのドイツ哲学が熱心に論じられた[70]。哲学、特に論理学が進めてきた推論や証明の形式的な方法は、古代より世界各地において考えられ、中国の墨子《ぼくし》や孔子、インドの中観や空の仏教論議にも共通したものがみられる。

古代ギリシアにおいてソクラテスはフィロソフィアとは知恵・理

西周
1829~1897　幼少時漢学の素養を身につけ、オランダに留学。哲学・経済学・国際法などを学ぶ。軍人勅諭・軍人訓戒を起草し、軍政の整備とその精神の確立につとめた。「哲学」「科学」等多くの単語を作ったが、一方で漢字廃止論を唱えた。

イマヌエル・カント
1724~1804　生涯独身で北ドイツのケイニヒスベルク大学に留まり、ドイツ古典哲学の創始者といわれる。イギリス経験論、フランス革命に学び、ドイツに精神革命として観念論をもたらした。カントの理性、認識、悟性等の考えは仏教的でもあり、西田幾多郎に影響をあたえた。

ウィルヘルム・ヘーゲル
1770〜1831 カントを発展させ、ドイツ観念論哲学を完成、古典哲学の巨峰といえる。「論理学」「自然哲学」「精神哲学」によって弁証法を完成させた。観念論的弁証法は仏教の無常観と結合し、日本へも影響を与えた。ハイデルベルグ大学からベルリン大学総長に就任したが、コレラで世を去った。

性に従う生き方を指して使われた。ギリシアのアリストテレスは『オルガノン』において論証に使われる文章を命題として捉え、三段論法を定式化した。カントはギリシャの哲学を、物理学、倫理学、論理学に区分した。カントが論理学を「アリストテレス以来、進歩もなければ後退もない、いわば完成された学問」と呼んだように、アリストテレスの研究成果は近世までヨーロッパで受け継がれた。

　中世においては哲学は神学と一本化されスコラ哲学が全盛となった。その後、近代にはいりイギリス経験論、ドイツ観念論などが流れとして生じた。[62] 神の支配から逃れ、自我の確立というのが近代の方向といえる。しかし、その自我は「考える故に我あり」というように精神を重視し、論理学に主体が置かれた。

哲学の細分化

ルネッサンス以後、哲学から自然科学が分岐した。そのきっかけはデカルトによることは前述した。さらに、近代に入ってから扱う対象によって哲学の細分化が起きている。近代になると、人間が中心になり、自己に自信を持った時代であったので、人間は何をどの範囲において認識できるのか、という「人間による認識」の探求が最重要視された。そして「人間は理性的認識により真理を把握しうる」とする合理論者と、「人間は経験を超えた事柄については認識できない」とする経験論者が対立した。カントはこれら合理論と経験論を総合統一しようとした。

20世紀に入り、人間の実存ということを課題にし、キルケゴール、ヤスパース、ハイデッカー、サルトルらは、「人間がいかに自らの自由により自らの生き方を決断してゆくか」ということを中心に思考した。[71・72] ハイデッカーは、根本的努力目標を存在者の存在を理解することに置き、これを概念的に表現することを目指した。この存在理解のカテゴリー的解釈は普遍的存在論としての哲学の理念を実現

ルネ・デカルト

1596〜1650「我思う、唯に我あり」といい、精神と肉体とを区別した。近世哲学の祖といわれる。学究一筋の生活ではなく屈折光学やさまざまな技術の改良、官能的生活など、ルネッサンス的多面的生活を送った。

カール・ヤスパース

1883〜1969 法学から医学へ転じ、ハイデルベルクの精神病院で医師として治療に疑問をもち、哲学に転じる。妻がユダヤ人だった為、戦中は差別をうけ、強制収容される直前に終戦。この戦中の体験が実存主義哲学を深めた。『精神病理学総論』、『哲学』などの著書が有名。

ジャン・ポール・サルトル
1905〜1980　パリで生まれ、第二次世界大戦中にレジスタンス運動に参加。ニヒリズム的実存主義を説く。

するものにほかならない、という。これがヒットラーに心酔し、ナチに入る行動になったのかも知れない。存在者の存在という意味では生気論的色彩をもっているが、「わからないもの」を無理やり形に練り上げたきらいがある。

ヴィトゲンシュタインは、哲学の目的は思考の論理的明晰化である、哲学は学説ではなく活動である。哲学の仕事の本質は解明すること、哲学の成果は諸命題の明確化、思考はそのままでは不透明でぼやけているが、哲学はそれを明晰にし、限界をはっきりさせる、ことだという[33]。これはさまざまな場に応用できる実用的な考えで前述した理性的側面である。

先述したようにこころの中は外からは見えない。行為のみが評価の対象としうる。ハイデッカーはヤスパースの引き立てで世の中にでたが、後にナチスに参加し、ヒットラーを賛美して大学学長にまでなった。ヤスパースの妻はユダヤ人であったので離婚を強制され、ひっそりと生きねばならなかった。哲学はこころを鍛えるのに役立つが、現行一致がなければ人間としての品格は劣る。

西田幾多郎

日本において独自の哲学を開いたのは戦前に活躍した西田幾多郎《きたろう》であろう。[73・74]彼は禅と西洋思想を融合させることにより独自の思想を打ち立てた。絶対無に由来する彼の存在論は、「純粋経験」が根本であり、その中では主観と客観の間の対立は存在しないとしている。

彼の生家は江戸時代に大庄屋を務めた豪家だったが、若い時に肉親の死、学歴での差別、父の事業失敗、妻との離縁など、多くの苦難を味わった。そのため、大学卒業後は故郷に戻り中学の教師となり、思索に耽った。その頃の思索が『善の研究』（弘道館１９１１年１月）に結実し、旧制高校生たちの必読の書となった。

世俗的な苦悩からの脱出を求めていた彼は、高校の同級生である

西田幾多郎

1870～1945　石川県出身。日本を代表する哲学者。世俗的な苦悩からの脱出求めて、高校の同級生である鈴木大拙の影響で、禅を打ち込む。純粋経験を人間の本性とした。京大退官後、鎌倉に遇居、尿毒症により急逝した。

鈴木大拙
1870~1966　西田幾多郎、と同郷で石川県立専門学校以来の友人。帝大在学中に円覚寺に参禅、1897年に渡米。東洋学関係の書籍の出版に当たると共に、『大乗仏教概論』や『大乗起信論』など著述。禅文化、仏教文化を海外に広めた。

井筒俊彦
1914~1993　慶応在学中に旧約聖書に関心を持ち、夜学でヘブライ語・アラビア語を習う。イスラム思想、特にペルシア思想とイスラム神秘主義に関する数多くの著作を出版した。東洋思想の「共時的構造化」を試みた『意識と本質』は代表的著作である。

鈴木大拙の影響で、禅に打ち込み、二十代後半の時から十数年間徹底的に修学・修行した。統合知がそこで得られたと思われる。郷里に近い国泰寺での参禅経験と近代哲学を基礎に、仏教思想、西洋哲学をより根元的なところから融合させようとした。その思索は禅仏教の「無の境地」を哲学的に論理化した純粋経験論から、その純粋経験を自覚する事によって自己発展していく自覚論、そして、その自覚など、意識の存在する場としての場の理論、最終的にその場が宗教的・道徳的に統合される絶対矛盾的自己同一論へと展開していった。

最晩年に示された「絶対矛盾的自己同一」は、哲学用語と言うより宗教用語のようだといわれるが、これは意識・意識下の世界を「行」によってつなげて「こころ」を身につけ、「いのち」を実感することによって得られた境地であろう。これは井筒俊彦[75]の「本質」の問題にも通じる。『場所的論理と宗教的世界観』で西田は「宗教は心霊上の事実である。哲学者が自己の体系の上から宗教を捏造すべきではない。哲学者はこの心霊上の事実を説明しなければならない。」と記している。

3　身土不二

比叡山仏教では「山川草木悉皆成仏《さんせんそうもくしっかいじょうぶつ》」というが、これは全ての自然が仏としてある、という思想である。これは日本仏教独特の思想ともいえ、先年ダライラマが来日した時の話では、草木にはいのちはないでしょう、という発言があり驚いた。日本人は古代から日本の自然の中で養われた心情があったからこそ、仏教思想を受容でき、さらに発展させることが出来たといえよう[61]。

食養で身土不二が広く使われるようになったのは石塚左玄が「天の命」、「地の霊」を完全に了解して、「人の従ふべき道」として見出したことによる[76]。天の時と地の利に和すべき人類食養生活の根本

西端学
明治初期〜大正　陸軍の関東軍馬補充部騎兵中佐であったが、石塚左玄の日本食養会に参加、1912年食養会2代目会長となり左玄の思想を普及し、「真土不二」を提唱。

原則であり、それは単なる學説ではなく、古今を通じ、東西に貫いて常に完全に正しい、確かな、秋毫《しゅうごう》の誤りもないものである、とした。自然を体得しようと欲して、完全にそれを仕了せたのである。
左玄の思想を「身土不二の原理」としたのは、左玄の死後、食養会会長となった西端学《にしばたまなぶ》である。石塚の考えを一般化するために「地元の食品を食べると身体に良く、他の地域の食品を食べると身体に悪い。」と解説したところ、京都の僧侶が「仏典に身土不二という言葉がある。」と教えたといわれる。身土不二という言葉は維摩經《ゆいま》に由来しているが、日本では鎌倉時代に無住、日蓮、親鸞らによって説かれたという。もともと日本の神道には地霊という思想があり、氏神というようにその土地の霊気を尊ぶ習慣がある。仏典とは意味が違うが、西端は以降この説を「身土不二」と呼び、食養会独自の大原則として広めた。現代にやさしく説き伝えたのは、桜沢如一の功績である。[76]

地産地消

食育推進の過程で身土不二は「地産地消」と結び付けられて広められることが多くなったが、地産地消の語句は、秋田県河辺町の農業改良普及員と生活改良普及員が地元関係者らと行った活動が始まりと言われる。地産地消事業は、伝統食を改善しつつ、農家女性や高齢者の生き甲斐と所得を向上させる目的で1981年に始まった。

その後、国産農産物の有利な販売や食糧自給率の向上につながると考えて、身土不二を掲げる農家・農業団体が増えている。近年は、地元で採れたものなら何でもよい、ということで、食養会が提唱した「正食」の趣旨とは異なる意味で身土不二が「地産地消」のスローガンとして使われることが多くなっている。

韓国でも韓国農協中央会会長ハン・ソホンが、荷見武敬の『協同組合地域社会への道』（家の光協会）を翻訳した際に「身土不二」

の語を知り、感動して国産品愛好運動のスローガンに使用した。マスコミや学校教育などで宣伝されて、一大ブームとなり、韓国国産野菜の消費が大きく伸びた。

消滅する農村

農水省は自給率を高めるために、地産地消運動を数年前からおこなっているが、農家の高齢化や就農意欲の減退から目標の達成は難しいと思われる。農業者の高齢化、引退が進んでおり、それにともなって、農地面積は減少し、昭和40年の600万ヘクタールが平成10年には490万ヘクタールに減少し、耕作放棄地の増加が進行している。昭和40年の農業者1151万人が平成10年は389万人に減った。農業生産の場であり、生活の場でもある農村の多くで活力が低下している。

地域社会の維持が困難な集落も相当数みられるようになった。私は新潟の山村に別荘をもっているが、140戸あった集落が40年の間に8戸に減ったのである。道が整備されるほど離村が進み、下の町に引っ越していくという皮肉な現象もみられた。1年間放置した田んぼは底が割れ、あっというまに萱《かや》が茂り、人が入れなくなってしまった。

一方、国民の農業・農村に対する期待は高まっている。単に食料の供給地としてのみでなく、環境の保全に役立っていると考える人は6割に達している。また、地方の祭りが盛況になっているように、文化の伝承などに役立っていることが認められてきている。いわば、くらしといのちの安全と安心の礎として大きな役割を果たすものとして、農業・農村の役割が増大してきたのである。自然を離れて人間は生きていくことができない。自然環境の維持に里山や段々畑、千枚田のように人手をかけた自然の価値が見直されている。

地霊への信仰は東南アジア諸国でも現存する。

4 未来社会

ガイアの項で述べたが、人類の未来に歴史的必然性というものはあるのであろうか。私は未来社会がどうあるべきかということを先に考えて、それによって自然科学が規制されるような社会が安心できる秩序をもたらすと思う。そうでなければ、自然科学の研究を止めたり遅らせたりするようなコントロールは出来ない。これは従来の研究者の好奇心にまかせて未発見の真理を見つけようとするメカニズムを重視する研究から結果に向けて何をやればよいかという方法への変換である。これは統合知による成熟社会のモデルとも言える。個人個人の問題とともにその集合体としての社会の形を考える必要がある。

ネットワーク型社会

私は20世紀から21世紀への文明の切り替わりは中央集権がくずれ、自立した地域によるネットワーク型の社会秩序に移行することによって行われると思っている。ITネットワークの進歩は人の考え方を大きく変えた。中央集権の縦割り社会からネットワーク型社会へ移行するには、ネットワークのひとつひとつの拠点がすぐれた素子でなければ、ぼろぼろの網にしかならない。ひとりひとりがホモ・スピリトゥス、悟性人間になることを目指すネットこそが人類の叡智を保つものである。

最近のスマホの使われ方をみていると便利ではあるが、欲望を刺激し、人の獣性をあからさまにして恥を感じなくなっている。ツウイッターなどでも深く考えずに感情的表現が反射的になされている低俗な投稿がある。顔の見えないネット社会から顔の見える地域社会への再建が必要であろう。

自立する地域のへそは小学校が一番望ましい。小学校にはこどもも老人も歩いて集まれるし、給食設備を持つ。縦割り行政の結果、中央省庁に応じて、学校、公民館、老人施設などいくつも箱モノをつくるのでは維持するだけで小さい町村は財政的負担が大変である。地域の現場では効率よく資産を使うために、小学校が修了後の午後はコミュニケーションセンター、あるいは食・こころ・体をサポートできる健康つくりの拠点として活用すれば、活気を呼んで地域活性化の中心になるであろう。非常のときに備えて玄米と味噌を備蓄しておけば給食にもまわせて無駄がない[2]。最近の風潮は小学校を垣根でへだてて地域から隔離するようにみえる。少子化で廃校していくようでは村落自体が消滅する。

文明の変換点

村山節
1911〜2002　病弱で徴兵されず鎌倉の自宅居間に広い歴史図をつくり800年周期で東洋文明と西洋文明が交代しているという説をだした。

3・11の東北大震災のあと、「物質から生命へ、さらにこころへ」という流れが目立ってきた。これを文明の変換点ととらえて、知の統合といった立場からこういう問題を取り上げ、日本を再生するために、世界を平和にするためには何をすればよいか？　ということに実現可能な工程をしめす必要があろう。

村山節《たけし》がいうように、文明の交代が穏やかにおこなわれるためには、衰退する文明の下に次の文明の芽ばえがなければならない[77]。その交代がフランス革命のように破壊的なら、それを引き継ぐ文明も苦難の道となるが、日本の明治維新は比較的おだやかな交代であったから、明治の驚異的な近代化につながったといえる。

国連ミレニアム計画

今世紀初頭に国連でミレニアム計画が決められ、国際的にその実現に向けた努力が営々と行われている。世界から極貧と飢餓の追放、母子の健康、栄養と健康の問題解決など、各国が協調してできることから取り組もうという姿勢がみられる。

それと比較すると日本では自分の国さえ良ければよい、日本の食糧が確保されればよい、とする一国利己主義に陥っているようにみえる。最近の経済、エネルギー、食糧の心配に加え、水、温暖化など健康への影響は地球規模の問題になっている。2010年5月にスウェーデンの食糧庁は「環境に有効な食事の選択」とする提案書をEU委員会に送った。このような観点の食事ガイドラインが日本で提案されたことはない。

食糧の安全、健康の安全、人としての安全は互いに密接に関係している。また食糧の安全は安全な食物、十分な食料、満足のいく食事、永続的な供給がないと続かない。これは食糧の生産や分配の問題にもからみ、倫理的な問題や社会学的な問題にもつながる。

うまく解決でき、世界と共生できればこれ以上の安全保障はない。一国の安全保障のみではなく、ガイアと共生する人類全体の安全保障を考える時代になっている。

5 科学者に必要な良識

3・11東北大災害と原子力発電所からの放射能汚染によって私たちは、科学について報道されることはかならずしも真実とは限らないということを知った。また、ちょっとした判断の間違いが社会に破滅的害毒をながすことも体験した。生物界の秩序ということはドリーシュの新生気論でも強調されたことであったが、「社会の秩序」も統合知の立場から考えねばならない。分子生物学者の渡辺格《いたる》はすでに10年も前に「現在の社会は、我々のどろどろした欲望に惑わされている社会であると言わざるをえないのです。ですからそれを止める社会のほうも、相応の考え方を持ってもらわなければな

渡辺格
1916〜2007　松江生まれ。渡米して分子生物学をまなび慶應で分子生物学教室を開いた。日本分子生物学会の初代会長。湯川秀樹らと生命科学振興会設立に関わり、科学の進歩が人間にもたらす負の影響に警告を発し続けた。

中谷宇吉郎
1900〜1962　加賀市片山津にうまれ、東大で寺田寅彦に師事、北大で人工雪を始めて作成した。戦後ニセコの着氷観測所を基にして農業物理研究所を発足させ、所長に就任。一般の人向けに『冬の華』『立春の卵』など発刊。前立腺癌のため61歳で死去。

らないのです。」と指摘している。[78] 産官学の原子力村は正にその実例となっている。

雪の結晶で有名な中谷宇吉郎も戦争を体験した科学者の心情として、科学とは良識的なものでなければならない、と述べている。[79] 私は数年前から医療の枠組みを統合知の立場から考えてきた。人間の情緒の大半が腸脳の我欲に支配され、意識でコントロールできず、所詮想像の対象でしかないのなら、論理学や哲学の大半は無意味なものになってしまうからである。

良識を育てる

健康つくりを長年実施してきた長野県、とくに佐久地方は医療費の少ないことで知られる。先年、南佐久郡小海町の健康福祉まつりに呼ばれていってきたが、子どもたちから老人まで一堂につどって講演、演芸、伝統食などを楽しむ会が30年も続けられているのに感激した。町の関係者のみならず住民の参加が大きく、こういう地域の生活が子どもたちの郷土愛も育んでいる。

食育を最初に提言した石塚左玄は食育を「学童を有する民は、体育・智育・才育はすなわち食育なりと観念せざるべけんや」と食の重要性を指摘し、「神様と思われん人つくるには親の親より食を正して」といって、子どもにとって食育が人つくりにもっとも重要であり、家庭における教育が重要で、親自らが襟を正すことが大事と説いている。食育が単に栄養学的な成長を考えるのではなく、ひと造りの根幹であると主張したのである。日本は20世紀後半の食生活の欧米化が今の疾病大国をもたらした。石塚左玄の思想を再評価することが必要であろう。

いのちを学ぶ食育

食育基本法が平成17年に施行されてから、小中学校に栄養教諭が

二木謙三
1873～1966 秋田県出身。東大卒業後、駒込病院で赤痢菌を発見、天然免疫学理の証明の実績を遺し、玄米食を提唱、実践運動や教育者として功績を残した。日本綜合医学会初代会長。

おかれ、給食が教育の一環に取り入れられるようになった。食育を知育、徳育、体育の本である、といったのは明治に食医といわれた石塚左玄であるが、左玄は自身の腎不全を玄米食、菜食、一物全体食などで養生した。左玄をついだ二木《ふたき》謙三は玄米、菜食に「身土不二」を足して、食養に哲学的色彩をつけた。食育では身土不二を地産地消と解釈されることが多いが、私はこれにはもっと深い意味があると最近思うようになった。食育はいのちのつながりを素直に理解しやすい。バケツで稲を育てる運動や校庭に大豆を播くことで植物の生育を実感できるし、給食をごはんの和食にすることで荒れた学校が正常に復したという事例は多い。

自立老人

高齢化社会に自立した老人を増やすことも喫緊の課題である。そのためのキーはやはり食にある。[2] 老化にともなう口腔、咽頭機能を保ち、嚥下障害があってもそれなりに適した食物を口から食べることは本人の生きる意欲にも関係してくる。

単なる道徳教育ではなく、より大きい「法」に自分の生き方を一体化することに現代の生気論が存在する意味がある。[80] 超宇宙論が語る宇宙像や重力やブラックエネルギーなど、私たちの知ることはとても少ない。未知の分野が巨大であることを思えば、私たちの生活も宇宙の秩序に従う謙虚なものにならざるを得ない。

精神の昇華

しかし、私たちは矮小だからといって卑下する必要もなく、人類の得た精神の働きによって宇宙の果てまでも認識できるようになったのである。生命の誕生から続く、いのちの流れを信じて生きることと、そこに現代の生気論の価値がある。

いずれにせよ、腸脳人間のレベルから「こころ」の成り立ちに想いを馳せ、宇宙の時間的空間的存在と自分の関係を体感するためには、そのような方向を目指した教育システムが必要であろう。清朝を革命で倒し、中国の国造りを成した孫文も日本の明治維新後の躍進をみて学校教育を重視した。インドやアフリカでも教育の重要性は説かれている。しかし、教育次第でこころの形がいかようにでもなることはサリンのオームやイスラム国で示される。正しい方向つけが必要である。

道徳教育の課程化が論議されているが、国粋主義に偏ることなく、統合知による生気論を学べる環境であって欲しい。シュタイナー教育にも見られるように意識下のこころをどのように教育し、体系化していくか、ということが人間を育てる上で重要である[81]。如何に優秀なコンピューターでもソフトがなければ唯の箱である。生涯を通じた学びと実践こそが人間としての完成をもたらす。

少子高齢社会にあって地域社会が成り立つような共生が必要であり、その為には自然の中で愛情に囲まれた幼少期を送るようにせねばならない。成人、老人にとっても自然の中でこそ自然体、本来の自分に戻ることができて、こころから癒されるのだ。[82]

他の生物とことなり人間である特徴は目的を設定してそれに向かって生きることができることだ。世界観で宇宙の歴史を四期にわけたように現代生気論は精紳の世界の始まりを示すといえる。

6 日々の生活に活かす

統合知から観た現代生気論をどのように日々の生活に活かせるであろうか。まず私たちの感覚器で認識できることはきわめて限られた範囲のことであり、しかも意識化できるものはほんの一部でしかない、ということを理解することである。しかもそれには理性の道と、感性の道がある。気付き、ことば化、体系化の三つの段階がそれぞれ異なるのである。

異なった感覚器をもつ生物はそれらに独自の世界をもっている筈である。私たちの周りには無数の世界がひしめいているということになる。[83]

つぎに腸脳が自分の体調や感情の状態を左右していること、それは5億年以上にわたっていのちをつないできたこと。また、100兆個を超す腸内細菌、皮膚表層の菌、その他さまざまな部位に細菌との共生が行われていることを理解したい

自分は一人では生きていけない。大勢の人たちが支えあう中で生かされている。人のこころは胎生期からの好き・嫌いの情感の積み重ねによるが、それも宇宙の大きな生気の流れの中にある。自分の世界と同じように他人は自分の世界をもっている。ペットなどの動物もそうであろう。

時間と空間の理解。宇宙規模からみると私たちはなんとちっぽけな存在であるか。地球上の生命は何回も絶滅の危機を生き延び、共生の中で進化してきた、ということの意味を実感したい。これからどの方向を目指すのか、ということが問われている。

私の考えをまとめると次の6項目になる。

一　人間はいくら知識を学んでも、体験的に実感できたものしか自分のものに出来ない。それが行動の規範となる。

二　私たちを含めたいのち溢れる地球の自然は、宇宙の中で稀有な存在である。このような稀有な環境で人間のみならず全てのいのちを活かしている未知のなんらかの力の存在を否定はできない。これは現代生気論とも共通し人智を超えた宇宙秩序の法ともいえる。

三　「自分自体」は地球上に生命発生以来の何億年というのちの継続を担い、自然と共生してきた。生命進化からみると腸脳の発生が先行し、腸脳—大脳連関がうまれ、人間性の根幹をつくる感情の基盤となった。

四　頭で考えてわかっている自分は「自分の本質」の一部でしかない。意識に上がらない部分が9割以上で、意識・意識下を統合させた自分が「自分全体」といえる。

五　知識をもつことはこころを拡げることになる。豊かな精神は豊かな心からしか生まれない。それゆえ生涯を通じて、向上心をもって学ぶことが必要である。成長に応じて「食・こころ・体」を整え、悟性の生活を目指す。それは現代生気論の導く未来への道である。

六　そこに達するには精神面の成熟を要し、年与にわたって、求道心をもって善い行為を積み重ねる「行」が必要である。宇宙秩序の法を実行できるキーワードは「共生」である。あらゆる科学も、宗教も哲学もそこに収斂する。

68. 福沢諭吉 『文明論之概略』 岩波書店 1949
69. 橋田邦彦 『自然と人』 人文書院 京都 1936
70. 大井正 寺沢恒信 『世界十五大哲学』 PHP 東京 2014
71. カール・ヤスパース 林田新二訳 『運命と思想』 以文社 東京 1992
72. エゴン・フィエタ 河原栄峯訳 『ハイデッカーの存在論』 理想社 東京 1970
73. 藤田正勝 『西田幾多郎』 岩波書店 東京 2007
74. 小坂国継 『西田幾多郎の思想』 講談社 東京 2002
75. 井筒俊彦 『意識と本質—精神的東洋を索めて』 岩波書店 東京 1991
76. 桜沢如一 『石塚左玄—伝記・石塚左玄』 日本 CI 協会 東京 1974
77. 村山節 『文明の研究 歴史の法則と未来予測』 光村推古書院 京都 1984
78. 渡辺格 『物質文明から生命文明へ』 同文書院 東京 1990
79. 中谷宇吉郎 『雪』 岩波書店 東京 1994
80. 五木寛之 『なるだけ医者に頼らず生きるために私が実践している 100 の習慣』 中経出版 東京 2013
81. 子安美知子 『私とシュタイナー教育』 学陽書房 東京 1984
82. 甲田光雄 『少食の実行で世界は救われる』 三五舘 東京 2006
83. 本川達雄 『生物学的文明論』 新潮社 東京 2011
84. 木田元 『哲学散歩』 文藝春秋 東京 2014

INDEX 人名索引

あとがき

30年も前になるが、私が理事長を務める生命科学振興会は「物質から生命、さらに精神へ」というシンポジウムを開き、物質文明一辺倒の時代から、精神文明に光を当てなければいけないという主張をした。日本に分子生物学を導入した渡辺格は「物質現象と生命現象の間にあった壁は、DNAによって破られた。これは生命そのものを操作するという大きな問題である。医療面でプラスもあるが、反対の問題もある。精神の問題，どろどろした心の問題が科学的に解明されてくると、当然その精神を操作する技術ができてくる。そうなった時にどうするか。それは予め考えておかなければならない。こういう生命操作の危険性とか、生命をめぐる世界の動向は、日本では一般国民には知らせる努力がされていない。どのような研究をしているのかということを、一般の国民が知り、問題のある研究を止めるだけの良識ある社会ができていない。」と述べた。

ここ10年の社会の動きは渡辺格の30年前の予言通りになっている。原子力は所詮、人間の手に負えるものではない、ということがはっきりしたし、遺伝子導入作物の普及、iPS細胞の再生医療への期待などは、自然の中にある人間のあり方を厳しく問うている。ミノス王の不興を買い、幽閉された塔から鳥の羽根を蝋付けして翼にして脱出したが、高く飛びすぎて太陽の熱で蝋が溶け、墜死したイカロスの教訓は今でも生きている。

私たち人間は千年前も一万年前も五感で把握したものしか実態としてわからない。その背後に何か法則があるかどうかを求め続け、自然科学の発展となった。しかし、その厖大な知識も自分自身の行動にいかすためには「腑におちる」ことが必要である。

戦後教育は「自我」を伸ばすことを奨励してきたが、共同体の一員としての存在が軽視されてきた。

また、自分の外のことを論じ続け、自分の内省は二の次であった。私たちは如何に生きようと頭で考えられることは定められた寿命の中のことでしかない。時の流れを体得し、充実した人生を生きること、ここに現代の生気論の意味があり、日本人が次世紀への理念として世界に示せるものである。

本書ではドリューシュの生気論の現代における意義をもとめて20世紀後半に驚異的に進歩した科学的知識を背景に、わたしたちの過去から未来への時間的、空間的広がりを俯瞰し、生きる意味を確かめてみたいという気持ちで、今までの体験、考えを纏めてみた。今までの哲学史と重なる考え方も多く、どちらかといえばイギリス経験論からプラグマティズム、実存主義など、知らず知らずのうちに似たような道を歩んでいた。医学者の立場から、扱ってきたことが哲学の範疇と言えるかも知れないが、philo-sophia の原義に還って「知を愛す」立場で考えた。

日本人は宗教心がないとよく言われるが、そのような人にも神仏を越えた生気論として生き方に参考になれば、と思う。

私は学生時代、哲学は実学に非ずと思えて敬遠していた。医史学も大島蘭三郎という泰斗に習う機会がありながらほとんど授業はさぼっていた。歳をとるに従って歴史や哲学に関心をもつようになった。これは米国留学から帰った時に公益社団法人生命科学振興会の理事長をしていた松岡英宗の知遇を得、哲学や仏教界の人と縁ができたことが大きい。湯川秀樹、武見太郎、佐藤栄作、渡邊格氏らが高い理想でつくった生命科学振興会の後をまかされ、この人々の想いも伝えねば、と思うようになった。この団体の Life Science とは Life と Science をともに発展させねばならない、という理念が元にある。

現代生気論は先端科学の研究から戻って考えなおした生活者目線での考えと言える。これは私の好奇心に従って歩いてきた道であり、哲学散歩[84]ともいえる。一つの私論であり、読者のご批判を頂ければ幸いである。

本書の刊行にあたりキラジェンヌ社の田中信一氏、表紙の画をいただいたヴェロニク・ツッゲンハイム氏に深謝する。

渡邊 昌

科学の先　現代生気論

初版発行　2015年5月7日

著者　渡邊 昌
編集　田中信一
編集協力　平川あずさ　(株)共豊舎
カバーイラスト　Veronique Tsugenheim
カバーデザイン　戸田耕一郎
本文イラスト　紅鮭色子
DTP　久保洋子

発行人　吉良さおり
発行所　キラジェンヌ株式会社
東京都渋谷区笹塚3-19-2 青田ビル2F
TEL：03-5371-0041　FAX：03-5371-0051

印刷・製本　モリモト印刷株式会社

©2015 KIRASIENNE
Printed in Japan
ISBN 978-4-906913-36-7

定価はカバーに表示してあります。

落丁本・乱丁本は購入書店名を明記のうえ、小社あてにお送りください。送料小社負担にてお取り替えいたします。本書の無断複製（コピー、スキャン、デジタル化等）ならびに無断複製物の譲渡および配信は、著作権法上での例外を除き禁じられています。本書を代行業者の第三者に依頼して複製する行為は、たとえ個人や家庭内の利用であっても一切認められておりません。